KARL MORGENSTERN · DIETMAR PLATH

Airbus A330/A340

MOTORBUCH VERLAG STUTTGART

Umschlaggestaltung: Johann Walentek.

Bildhinweise

Airbus Industrie:
11, 15, 23, 34/35, 46, 47, 49, 53-57, 62, 83-89, 99-105
DASA:
13, 17, 18, 19, 24, 25, 27, 38, 39, 43, 113, 115
Deutsche Lufthansa:
67, 69-77, 112

Alle weiteren Fotos stammen von Dietmar Plath

ISBN 3-613-01728-8

1. Auflage 1996.

Fotosatz Schönthaler, 71638 Ludwigsburg.
Reproduktion: Neue SKS Repro, 72124 Pliezhausen.
Druck: Maisch + Queck, 70839 Gerlingen.
Bindung: Karl Dieringer, 70839 Gerlingen.
Prindet in Germany.

Inhalt

»Ein excellenter Wurf«

Reinhardt Abraham †
Langjähriger Technikchef der Deutschen Lufthansa
»Die A340 ist das mit Abstand beste Langstreckenflugzeug, das heute gebaut werden kann. Daß die Konkurrenz – MD-11 – bereits viel früher auf den Markt kam, nahmen wir in Kauf, um in den darauf folgenden 20 bis 25 Jahren ein deutlich überlegenes Flugzeug einsetzen zu können.«

Richard H. Fry
Airbus -Flottenchef von Cathay Pacific Airways, Hongkong
»Für uns sind die Airbus-Typen A330 und A340 ein Schritt in die richtige Richtung, weil es sich um außergewöhnlich 'intelligente Flugzeuge' handelt, die gut ausgebildete und modern denkende Piloten verlangen.«

Udo Günzel
Dienstältester Testpilot der Airbus Industrie
»Wir waren immer optimistisch. Wir glaubten immer felsenfest daran, daß unsere Flugzeuge eine Zukunft haben würden. Wir wußten, daß sich der Airbus eines Tages durchsetzen würde.«

Karl-Heinz Dorfmeister
Langjähriger Airbus-Flottenchef der Deutschen Lufthansa
»Wir haben das 21. Jahrhundert in der Lufthansa vorbereitet. Doch ich glaube, der Airbus A340 ist das letzte große vierstrahlige Flugzeug. Die Zukunft gehört den Twinjets.«

Axel Alegren
Lufthansa-Ausbildungskapitän bei der Airbus Industrie
»Der Airbus A330 ist das mit Abstand schönste und vielleicht auch das beste Flugzeug der Airbus-Familie. Diesen modernen Typen gehört die Zukunft. Das sieht man doch am besten an der Boeing 777. Da haben die Amerikaner Airbus schließlich fast alles nachgemacht«

Cipriano Kritzinger
Airbus A330-Flottenchef der LTU
»Ein excellenter Wurf. Besser geht es wohl kaum noch.«

Hans-Jörg Mader
A330/340-Programmleiter bei der Daimler-Benz Aerospace in Hamburg
»Unser erklärtes Ziel war es, das leiseste Cockpit und die leiseste Kabine der Welt anzubieten. Das haben wir erreicht.«

A340
F-WWBA

A340
A340

Gut gerüstet fürs 21. Jahrhundert

28. Oktober 1972, 10.39 Uhr. Toulouse. Chefpilot Max Fischl und Co-Pilot Bernard Ziegler, Testpilot, Fluglehrer, Flugingenieur, inzwischen längst zum Vizepräsidenten der europäischen Airbus Industrie avanciert, wissen, was die Stunde geschlagen hat: Der erste 53,62 Meter lange Airbus, das erste moderne Großraumflugzeug der Europäer, soll in den Himmel gebracht werden. Der Routinier Max Fischl und Bernard Ziegler, ein Mann, der mit Erfolg drei technische Fachschulen und die berühmte Testpilotenschule von Istres in Südfrankreich absolviert hat, wissen, daß sie sich auf die beiden mächtigen je 22 260 Kilopond starken General Electric CF6-50A-Triebwerke felsenfest verlassen können. Zur fünfköpfigen Crew gehören auch der deutsche Testpilot Guenther Scherer aus Bremen und seine Kollegen Pierre Caneill und Romeo Zinzoni. Und von einem Dach aus, in nächster Nachbarschaft der Startbahn, beobachten der Franzose Roger Beteille und der Deutsche Felix Kracht, der heute in einem kleinen Dorf bei Bremen im Ruhestand lebt, die beiden verdienstvollen »Väter des Airbus«, die immer – auch in den Momenten bitterer Rückschläge – an »ihr Flugzeug« geglaubt haben, den Start zu diesem Erstflug, der exakt 83 Minuten dauerte, ein historisches Ereignis war und zum spektakulären Ausgangspunkt einer Entwicklung wurde, die die industrielle Welt zwischen Himmel und Erde rund um den Globus nachhaltig verändert hat.

Der Airbus A300B1, der erste Prototyp des »Flüsternden Riesen«, der schon sechs Jahre später zum Alptraum der renommierten und den Weltmarkt beherrschenden amerikanischen Flugzeughersteller wurde, bestand seine Feuertaufe. Der Jungfernflug des bis zu 345 Passagieren Platz bietenden Großraum-Jets mit dem amtlichen Kennzeichen »F-WUAA« wurde zum Symbol erfolgreicher europäischer Kooperation. Inzwischen sind weit über zwei Jahrzehnte nach diesem denkwürdigen Erstflug ins Land gegangen. Der europäische Airbus – aus dem ersten Produkt A300 ist längst eine »Familie« mit Kurz-, Mittel- und Langstreckenjets geworden und aus einem Endmontagen-Ort wurden zwei: Toulouse und Hamburg-Finkenwerder – hat sich in allen fünf Kontinenten durchgesetzt, auch wenn es im Auf und Ab dieser wechselvollen Jahre neben stolzen Höhepunkten natürlich nicht an schlimmen Tiefs gemangelt hat, die das riesige staatenübergreifende Projekt immer wieder erschüttert, allerdings nie grundsätzlich aus der Bahn gebracht haben.

Das, was Ende der 60er und anfangs der 70er Jahre jenseits des Atlantiks in Seattle und in San Diego bei Boeing und bei McDonnell Douglas noch mit einer Mixtur aus Mitleid, Spott und Arroganz betrachtet wurde, ist längst eine feste Größe geworden. Vielleicht das einzige wirklich erfolgreiche Industrieprodukt aus europäischer Kooperation, das neuerdings – nach vielen schweren Aufbaujahren und trotz zahlreicher gegenteiliger, oft schlagzeilenträchtiger Prognosen – sogar Schwarze Zahlen schreibt. Und rund 70 000 Menschen in Europa direkt beschäftigt, die vielen tausend Zuliefererfirmen mit mehreren hunderttausend Arbeitnehmern nicht gezählt. Daß diese erfolgreiche Jet-Familie vom A300 über den A310 und den Marktschlager, den »Kleinen Airbus« A320 mit seinen zukunftsträchtigen Versionen A321 und A319, bis zum zweistrahligen Mittelstreckenjet A330 und seinem vierstrahligen »Bruder« A340, der mit seinen beispiellosen Langstreckenflügen wiederholt im Guinness Buch der Rekorde gelandet ist, längst nicht mehr ein Flugzeug mit »französischem Stallgeruch« ist, wie noch in seiner Frühzeit diffamierend von eifersüchtigen und eitlen deutschen Luftfahrtindustriellen gejammert wurde, hat sich ausgerechnet gut 20 Jahre nach dem viel gefeierten Erstflug auf imponierende Art und Weise bestätigt.

An der Elbe, in Hamburg-Finkenwerder, fand am 11. März 1993 der Erstflug des ersten 186sitzigen Airbus A321 statt. Vier Stunden und 40 Minuten dauerte dieser Jungfernflug – ein Flug wie aus dem Bilderbuch. Kommandant bei dieser deutschen Premiere war ein Mann, der anno 1940 in Halle an der Saale geboren wurde und in Dortmund einst drei Jahre lang als Bergknappe unter Tage arbeitete, ehe er über die Bundeswehr den Weg zur Fliegerei fand, schließlich mit 35 Jahren zur Airbus Industrie ging und schnell zu einem der ersten deutschen Airbus-Testpiloten avancierte: Karl Nagel. Mit dem Erstflug des ersten Airbus A321 schloß sich endlich der Kreis: Endlich fühlten sich die deutschen Flugzeugbauer als gleichberechtig-

te und vollwertige Partner in Europa. Auf der ehemaligen Fischerhalbinsel Finkenwerder, einst durch den Schriftsteller Gorch Fock berühmt geworden, hat die deutsche Luftfahrtindustrie eine gute Zukunft.
Als der erste Airbus am 28. Oktober 1972 wieder in Toulouse gelandet war, herrschte grenzenlose Begeisterung in Paris und in Toulouse, in Bonn, Hamburg, Bremen und München. Dort war das Flugzeug in komplizierten, endlosen Verhandlungen und zermürbenden Wirtschaftsgesprächen bis auf höchsten politischen Ebenen kreiert, worden, ehe die Konstrukteure und Ingenieure – endlich – zur Tat schreiten durften. Die ersten vorsichtigen Gespräche zwischen deutschen und französischen Flugzeugbauern aber lagen viel weiter zurück: 1965 wurden beim Aero Salon in Paris le Bourget, der bedeutendsten Luftfahrtmesse der Welt, die ersten zaghaften Weichen für den Bau eines ursprünglich nur auf europäische Verhältnisse zugeschnittenen

Ein fotografisches Dokument: Der erste Airbus kurz vor seiner Vollendung

Großraumflugzeuges gestellt. Die Arbeitsgemeinschaft Airbus der deutschen Luftfahrtindustrie wurde am 23. Dezember 1965 gegründet, aus der im September 1976 die Deutsche Airbus GmbH hervorging. Am 26. September 1967 unterzeichneten die Regierungen Deutschlands, Frankreichs und Englands ihren Fertigungsvertrag,

von dem sich die Engländer 1969 wieder zurückzogen. 1977 kehrten die Briten reumütig zurück.....
Doch »Grünes Licht« gab es endgültig erst am 29. Mai 1969, als das deutsch-französische Regierungsabkommen über Entwicklung und Bau des Airbus A300-B vom damaligen Bundeswirtschaftsminister Schiller und vom französischen Verkehrsminister Chamont in Paris unterzeichnet wurde.
Deutschland und Frankreich erklärten sich damals bereit, die Vorreiterrolle zu spielen und je 50 Prozent der Kosten zu übernehmen. Der kräftige Motor aber war Frankreich – die deutsche Seite hatte, jedenfalls in der Politik, nur einen Motor, der zudem von allen Parteien oft im Stich gelassen wurde: Franz-Josef Strauss.
Konstrukteure, Techniker und Ingenieure atmeten auf. Das täglich drohender werdende Gespenst der Arbeitslosigkeit verlor fürs erste seine Macht. Doch wirklich ernst genommen wurden die »Männer der ersten Stunde«, die Europas großem Gemeinschaftsprodukt zum Durchbruch und zum langfristigen Erfolg verhelfen wollten und sollten, noch immer nicht. Vor allem die deutsche Politik spielte – ganz im Gegensatz zu Frankreich, wo man sich immer und überall viel nachhaltiger zum Airbus-Programm bekannt hat – nur sehr zögernd mit. »Im Grunde glaubte so gut wie keiner an unsere Chance – außer wir selber. Und wir wurden in Amerika wenn schon nicht ausgelacht, so doch wenigstens milde belächelt«, stellt der damalige Airbus-Produktionschef Felix Kracht heute fest, dem gemeinsam mit »Monsieur Airbus«, dem dynamischen Franzosen Roger Beteille,

11. März 1993: Start des ersten Airbus A321 in Hamburg-Finkenwerder zum Jungfernflug

die größten Verdienste zugesprochen werden müssen, daß die Airbus-Idee durchgesetzt und schließlich ein wirtschaftlicher und politischer Erfolg wurde. Der Airbus, der anfangs vorrangig ein deutsches Politikum war, weil viele eitel-unkundige Politiker, von denen manche noch immer in Amt und Würden sind, dieses Flugzeug für ein dauerhaftes »Groschengrab« hielten und mit Fensterreden das Ende des Flugzeugsbaus auf europäischer Ebene predigten und forderten, ist längst ein so großer Erfolg geworden, daß er wieder zum Politikum gemacht worden ist: Amerikas Luftfahrtindustrie-Lobby hatte es zwischenzeitlich sogar geschafft, daß der Airbus zum Gesprächsthema auf höchster transatlantischer Ebene wurde, weil die Erfolge der Europäer die Geschäfte der US-Hersteller empfindlich reduziert und McDonnell Douglas als einst unbestrittene Nummer zwei im Flugzeugbau längst auf den dritten Rang zurückgeworfen und erheblich in die Bredouille gebracht haben.
Doch auch diese Diskussionen sind inzwischen wieder leiser geworden, seit es sich auch in Nordamerika herumgesprochen hat, daß bei jedem Airbus etwa ein Drittel seiner Wertschöpfung amerikanischen Ursprungs ist. Das gilt vor allem für die Triebwerke und die Elektronik. Und das erhält Arbeitsplätze in den USA.
Trotzdem wissen alle, die einst als junge Pioniere – im Management oder in den Konstruktions- und Verkaufsbüros – mit Leidenschaft um »ihren Airbus« kämpften, noch heute, wie schwer und mühselig die Anfangsjahre waren. Am 23. Mai 1974 wurde der Eintritt des ersten Airbus A300 in den Liniendienst bei der angesehenen Fluggesellschaft Air France, die zum Vorreiter und – staatlich subventionierten – stärksten »Hilfsmotor« für die Airbus Industrie wurde, noch weltweit groß gewürdigt. Die Euphorie war schier grenzenlos. Aber Ende 1974 hatten erst sechs gutwillige und optimistische Airlines 22 Flugzeuge bestellt. Der

Umschwung kam dann Anfang 1978. Zahlen spiegeln deutlicher als alle Worte die Geschichte dieser europäischen Idee wider: Zwischen 1971 und 1977 waren ganze 33 Flugzeuge geordert worden – so viele produzierte Boeing damals in 35 Tagen. Im Februar 1978 aber waren bei Airbus Industrie schon 53 feste Bestellungen und 41 Optionen von zwölf Gesellschaften eingegangen. 20 Jahre nach dem Erstflug hatte sich Airbus mittlerweile einen Weltmarktanteil von rund 25 Prozent bei den verkauften Flugzeugen erobert. 20 Jahre nach dem Erstflug hatten die Europäer einen Auftragsbestand von rund 900 Flugzeugen im Wert von über 70 Millionen US-Dollar.
Die Gegenwart ist – vor dem Hintergrund der weltweiten Rezession der Luftfahrt, die allerdings trotzdem nach wie vor als sichere Wachstumsindustrie gilt, zumal in den kommenden zehn Jahren Tausende von alten Jets aus operationellen, wirtschaftlichen und technischen Gründen ausgemustert werden müssen – noch aufschlußreicher und interessanter: Mit dem Eintritt des vierstrahligen Langstreckenflugzeuges Airbus A340 in den Weltmarkt ist nicht nur die »Airbus-Familie« vervollständigt, sondern vor allem auch das jahrelange Monopol von Boeing auf dem Sektor der Großraum-Langstreckenjets erschüttert worden. Gemeinsam mit seiner zweistrahligen »Schwester« A330, in der die Airbus-Strategen ihren zweiten »Moneymaker« nach dem »Kleinen Airbus« A330 sehen – schon 1994 prophezeite der damalige DASA-Luftfahrtchef Hartmut Mehdorn: »Vom A330 werden wir langfristig dreimal so viel verkaufen wie vom A340« – und die sich mit dem neuen amerikanischen Mittel- und Langstreckenjet Boeing-777 bis weit über die Jahrtausendwende hinaus interessantes Markt-Duell rund um den Globus liefern wird, gilt dieses Flugzeug als technisches und wirtschaftliches Non plus ultra. Der »Große Europäer« – dieses Synonym für den Airbus A340 ist längst weltweit populär – ist auf dem besten Wege, das am vielseitigsten verwendbare Produkt der europäischen Flugzeugindustrie zu werden. Wie die meisten großen Jets kann er auch als Combi-Frachter verwendet werden. Darüber hinaus sind auch militärische Versionen als Truppentransporter oder Tankflugzeug konzipiert.

Der Mann, der die Endmontagenlinie für die Twinjets A319 und A321 von Frankreich nach Deutschland holte: Hartmut Mehdorn

Kein geringer als der langjährige Lufthansa-Technikchef Reinhardt Abraham, der wie kein zweiter Techniker aus dem Kreis der europäischen Airlines mit seinen Mitarbeitern in den vergangenen zwei Jahrzehnten als ebenbürtiger Partner Einfluß auf das Konzept und die Ausführung wichtiger Verkehrsflugzeuge in Amerika und Europa genommen hat, urteilte schon vor drei Jahren über den Airbus A340: »Die A340 ist das mit Abstand beste Langstreckenflugzeug, das heute gebaut werden kann. Daß die Konkurrenz (MD-11) bereits viel früher auf dem Markt sein kann, nehmen wir in Kauf, um in den darauf folgenden 20 bis 25 Jahren ein deutlich überlegenes Flugzeug einsetzen zu können.«
Spätestens seit der Airbus A340 von Paris aus mit nur einer Zwischenlandung in der neuseeländischen Millionenstadt Auckland nonstop rund um den Erdball geflogen ist, weiß die Konkurrenz, wozu dieser Langstreckenjet fähig ist – fürwahr ein »Jet des 21. Jahrhunderts«.
Wo Europas Flugzeugbauer inzwischen – nach den erfolgreichen Jungfern- und Streckenerprobungsflügen vom Airbus A321 und vom Airbus A330 und der problemlosen Einführung des »Großen Europäers« A340 in die Liniendienste in allen Erdteilen – stehen, beweisen handfeste Zahlen: Die Fluggesellschaften der ganzen Welt werden in den nächsten 20 Jahren rund neue 13500 Flugzeuge ordern müssen, um dem wachsenden Verkehrsaufkommen gerecht werden zu können oder um ältere Flugzeuge zu ersetzen.
Rund 8000 dieser Flugzeuge- das haben Marktanalysen ergeben – entfallen auf den Markt der 100-

bis 210sitzigen Jets, während es sich bei etwa 5500 Jets um Großraumflugzeuge mit einer Kapazität von jeweils über 210 Passagieren handelt. Für beide Märkte ist man in Toulouse und in Hamburg-Finkenwerder gut gerüstet. Die »Airbus-Familie« macht's möglich.
Diese »Famlilien-Philosophie« ist und bleibt – besonders in schwierigen Zeiten – das Fundament dauerhafter Erfolge: Toulouse und Hamburg-Finkenwerder sind zu Synonymen europäischer Qualität und Zuverlässigkeit im Flugzeugbau schlechthin geworden. Der »Sand im Getriebe« deutsch-französischer Kooperation, der viele Jahre lang vernehmlich knirschte, ist mittlerweile (fast) vom kräftigen Wind verweht worden, der die Airbus-Bauer kontinuierlich unter Erfolgsdruck setzt. Die Konkurrenz gibt kein Pardon. Und das gilt für alle Airbus-Partner, die mehr denn je auf enge und gute Zusammenarbeit angewiesen sind, wenn der mühevolle Höhenflug weiter anhalten soll. »Für uns alle heißt die oberste Maxime: Erhöhung der Wirtschaftlichkeit. Wir haben unsere Rolle im internationalen Flugzeugbaugeschäft zwar festigen können«, stellte Dr. Gustav Humbert, Vorstandsvorsitzender der Daimler-Benz Aerospace Airbus anläßlich des Go ahead für den »deutschen Airbus« A319 mit erkennbarem Stolz fest, aber der »Hausherr« in Hamburg-Finkenwerder weiß auch, was die Stunde geschlagen hat: »Nur die Verwirklichung breit angelegter Kostenreduktions-Programme in unserer Industrie, verbunden mit deutlich verkürzten Durchlaufzeiten, macht uns gegenüber den amerikanischen

Hamburg-Finkenwerder wurde zum Narrowboy-Zentrum der europäischen Flugzeugbauer

Herstellern konkurrenzfähig. Das wissen wir – in Deutschland wie in Frankreich.« Bei gleicher oder ähnlicher Qualität moderner Verkehrsflugzeuge entscheidet über den Erfolg dieser Jets letzlich der Preis. Wobei eine Entwicklung auf dem Weg ins 21. Jahrhundert verblüffend ist. Im deutschen Narrowbody-Zentrum der Airbus Industrie, ist man im Detail in punkto Kostenreduzierung schon ein paar Schritte weiter als im französischen Widebody-Zentrum Toulouse. Ein Beweis auch der Qualität der deutschen Flugzeugbauer, die in den letzten Jahren viel Systemkompetenz gewonnen haben. Dr. Gustav Humber ist optimistisch: »Das können und wollen wir in den nächsten Jahren ausbauen, aber immer im engen Schulterschluß mit unseren europäischen Partnern.« Deshalb wird man deutscherseits auch weiter bemüht sein, das Narrowbody-Zentrum Hamburg-Finkenwerder zu komplettieren und die Endmontage des Moneymakers Airbus A320 ebenfalls an die Elbe zu bringen. Der deutsche Airbus-Manager Gustav Humbert ist Realist und will auch keine Konfrontation, die diese Branche in schweren Zeiten am allerwenigsten gebrauchen kann: »Wir haben immer zum Ausdruck gebracht, daß es unser Wunsch ist, die Endmontage der A320 nach Hamburg zu bringen. Aber wir wollen die A320 nicht um der A320 willen und nicht aus Prestigegründen nach Hamburg bringen, auch wenn ein solcher Schritt natürlich unsere Arbeit erheblich aufwerten würde, sondern ausschließlich um des Systems willen. So wie es Sinn macht, daß wir alle Widebodys heute in Toulouse »gebündelt« haben.«

Pioniere an Elbe und Weser: »Baade 152« und »Fw 200«

Die »Großen Europäer« – die vierstrahlige A340 und die zweistrahlige A330 – sind längst weltweit respektierte Visitenkarten des europäischen Flugzeugbaus, erfolgreiche Produkte einer Industrie, die schon ins 21. Jahrhundert blickt und deren Wurzeln doch weit in die erste Hälfte des 20. Jahrhunderts zurückreichen. Und damit sind nicht nur Toulouse, wo die imponierenden Widebodies der Airbus Industrie ihre Endmontage erleben, und Hamburg gemeint, wo die »Kleinen Schwestern«, die tüchtigen Narrowbodies A319 und A321 flugtüchtig werden. Zu diesen Wurzeln gehören auch Orte wie Bremen, wo am 1. Januar 1924 die Focke-Wulf-Flugzeugbau AS mit einem Stammkapital von 20 000 Reichmark und einer Belegschaft von nur neun (!) Mann gegründet wurde und wo 1937 nach nur einjähriger Konstruktionszeit – unvorstellbar für heutige Entwicklungsingenieure und Konstrukteure – das viermotorige Verkehrsflugzeug Fw 200 »Condor« flügge wurde und dem bremischen Unternehmen weltweites Renommee einbrachte, und Dresden, wo am 4. Dezember 1958 die von Professor Brunolf Baade, einem erst 1954 aus der Sowjetunion heimgekehrten früheren Junkers-Mann, entwickelte vierstrahlige »152« zu ihrem denkwürdigen Jungfern-Flug abhob. Es war, was bis heute vielen unbekannt geblieben ist, Deutschlands erstes ziviles Düsenverkehrsflugzeug. Ein interessantes, lange verborgen gebliebenes Kapitel deutscher Luftfahrtgeschichte. Und eine Bestätigung einer stolzen Tradition: Gute Flugzeuge wurden an Elbe und Weser schon immer gebaut.

Flugboote vor allem waren ursprünglich das Markenzeichen der Hamburger Flugzeugbauer, die 1940 auf die einstige Fischerhalbinsel Finkenwerder umzogen – Keimzelle des heutigen Airbus-Zentrums. Der Stolz der im Juni 1933 von Rudolf und Walter Blohm gegründeten Hamburger Flugzeugbau GmbH wurden das gewaltige Transportflugzeug BV 222 »Wiking« – der Erstflugfand am 7. September 1940 statt – das eine Spannweite von 46 Metern und eine Flügelfläche von 255 Quadratmetern hatte, von einer 6- bis 11köpfigen Crew geführt wurde, 24 Passagieren Platz bot und nonstop über den Atlantik fliegen sollte – von der BV 222 wurden seinerzeit insgesamt 13 Exemplare gebaut – und das 1944 fertiggestellte Mehrzweckflugboot BV 238. Mit einer Spannweite von 60 Metern und einem Gewicht von für damalige Verhältnisse schier unvorstellbaren 94 Tonnen in jenen Jahren das größte Flugzeug der Welt. Eine Art kühner Vorgriff auf die Widebody-Jets unserer Zeit. Ein Exemplar wurde fertig; es wurde nach seinem Erstflug am 10. März 1944 auf der Elbe vor Finkenwerder auf den Schaalsee bei Lübeck ausgelagert, aber kurz vor Kriegsende doch noch entdeckt, zerschossen und versenkt.

Zum wichtigsten und richtungsweisenden Flugzeug aber wurde seinerzeit in Bremen die viermotorige Fw 200 »Condor«. Dieses

Die viermotorige Fw 200 »Condor«, Kurt Tanks bedeutendste Schöpfung, wurde zum Vorbild aller großen Verkehrsflugzeuge

Vekehrsflugzeug – 4 Mann Besatzung, 26 Passagiere – gilt noch heute als Kurt Tanks bedeutendste Schöpfung. Nach nur zwölfmonatigen Entwicklungsarbeiten (exakt waren es zwölf Monate und elf Tage!) wurde die »Condor« im Juli 1937 flügge – der Erstflug fand am 27. Juli 1937 stand und Chefkonstrukteur Kurt Tank selbst war bei diesem denkwürdigen Ereignis der veranwortliche Flugzeugführer – und brachte den Focke-Wulf-Werken weltweit größtes Renommee ein. Mit einer Spannweite von 32,84 Metern und einer Länge von 23,85 Metern erreichte die »Condor« immerhin schon eine Reisegeschwindigkeit von 325 Stundenkilometern und war, notfalls, auch maximal 375 Stundenkilometer schnell. Als die Bremer »Condor« nonstop in 24 Stunden, 36 Minuten und 12 Sekunden – natürlich mit Zusatztanks – am 10. August 1938 die 6371 Kilometer von Berlin nach New York gemeistert hatte, gab es weltweiten Beifall. Der Rückflug New York – Berlin wurde sogar in 19 Stunden und 55 Minuten mit einer Durchschnittsgeschwindigkeit von 255,5 Stundenkilometern bewältigt.

Die »Condor« war ein Landflugzeug von einer ganz neuen Qualität, eine Spitzenleistung deutscher Luftfahrttechnik und im Grunde das Vorbild aller späteren großen Verkehrsflugzeuge der Welt: Mit Einziehfahrwerk, mit extrem schmalen weiten Tragflächen von höchster aerodynamischer Güte und einer Zuverlässigkeit, die nach dem Einbau der vier BMW 132-L-Kraftpakete anstelle der ursprünglichen Pratt & Whitney Hornet-Motoren ihresgleichen suchte. Die Lufthansa orderte sofort zehn Exemplare und setzte ihre ersten »Condor« in Deutschland und Europa ein, doch den weiteren Höhenflug des inzwischen auch von anderen Unternehmen bestellten »Anden-Geiers« – Kurt Tank hatten die weit ausladenden Flügel an den berühmten südamerikanischen Geier erinnert und so entstand der Name – stoppte der Zweite Weltkrieg. Das großartige Verkehrsflugzeug, für das ganz schnell die ersten Bestellungen aus aller Welt eintrafen, mauserte sich zur militärischen Version, die die deutsche Luftwaffe vor allem als Fernaufklärer über dem Atlantik einsetzte. Nichts wurde es mit dem erträumten großen wirtschaftlichen Erfolg für die Bremer Flugzeugbauer. Der Krieg war – wieder einmal – nicht der Vater aller Dinge. Verkehrsflugzeuge wurden nach dem Zweiten Weltkrieg erst einmal in Übersee, in Frankreich und in Großbritannien gebaut.....

Das erste deutsche Verkehrsflugzeug, das nach dem Zweiten Weltkrieg wieder konstruiert und gebaut und auch flügge wurde, entstand abermals an der Elbe. Und das ist das schier Unglaubliche, das den meisten Deutschen diesseits und jenseits der 1989 geborstenen Mauer nicht bekannt war und de facto – im Westen aus opportunistischen, im Osten aus politischen Gründen – sogar mehr oder minder verschwiegen wurde: Deutschlands erstes Düsen-

Die vierstrahlige "152" aus Dresden-Klotzsche war das erste deutsche Düsenverkehrsflugzeug - und blieb jahrzehntelang im Westen Deutschlands unbekannt

Zweimal flog der Prototyp der geheimnisumwitterten "152" - im April 1961 kam das politische Aus dieses Jets

verkehrflugzeug war nicht die in Bremen gebaute zweistrahlige VFW 614, deren Erstflug am 14. Juli 1971 stattfand, sondern Brunolf Baades vierstrahlige »152«. Der Erstflug dieses 31,42 Meter langen, von vier Pirna 0114A-0-Triebwerken beflügelten Jets fand am 4. Dezember 1958 in Dresden-Klotzsche statt. Der verantwortliche Testpilot bei diesem Jungfernflug war Willi Lehmann, der drei Monate später auf tragische Weise ums Leben kam. Denn diesem ersten zivilen deutschen Jet, der eine Spannweite von 26,87 Metern hatte, immerhin eine imponierende Höchstgeschwindigkeit von 920 Stundenkilometern erreichte und eines Tages maximal 72 Passagieren Platz bieten sollte, war kein Glück beschieden. Der erste Prototyp stürzte am 4. März 1959 ab. Die vierköpfige Crew kams ums Leben. In der mysteriösen Traueranonce verabschiedeten sich die VEB Flugzeugwerke Dresden auf ihre Weise von ihren toten Pionieren.

»In Erfüllung ihrer Lebensaufgabe, der weiteren Entwicklung des technischen Fortschritts und dem Sieg des Sozialismus in der Deutschen Demokratischen Republik zu dienen, schieden aus unserem Kollek-

tiv unsere Mitarbeiter Versuchspilot Genosse Willi Lehmann Versuchspilot Genosse Kurt Bemme Flugversuchsingenieur Kollege Georg Eismann Bordingenieur Kollege Paul Heerling
Ihr vorbildlicher Einsatz beim Aufbau der Flugzeugindustrie ist uns Verpflichtung für unsere weitere Arbeit. Unser Andenken an sie wird in unseren Leistungen einen Ausdruck finden.«

Kein Wort, warum die vier Piloten und Ingenieure »aus unserem Kollektiv schieden«, keine erklärende Zeile über die Tatsache des Absturzes, kein Hinweis auf den Tag des Unglücks. Selbst im Moment der Trauer war Geheimhaltung oberste Maxime. Absurd und grotesk. Dabei gab es für die ostdeutschen Flugzeugbauer in Dresden-Klotzsche, wo die Elbe Flugzeugwerke heute integraler Bestandteil der deutschen und damit der europäischen Luftfahrtindustrie sind, überhaupt keinen Grund, sich vor der Öffentlichkeit zu verbergen. Was Professor Brunolf Baade, sein Chefkonstrukteur Fritz Freytag, Typenleiter Peter Bonin und ihre Mitarbeiter trotz schwierigster Bedingungen in Dresden bis dahin geleistet hatten, verdient allen Respekt.

Mit der »152«, über die jahrelang mehr Gerüchte und Legenden als Wahrheiten die Runde machten – absolute Absurdität a la DDR: Schon 1970 wurden weder der Name Brunolf Baade noch die Dresdner Flugzeugwerke und ihr interessantestes Produkt im im transpress VEB Verlag erschienenen DDR-Luftfahrt-Lexikon überhaupt erwähnt – wollten die sächsischen Flugzeugbauer, anfangs tatkräftig unterstützt und ermuntert von den führenden Kräften der SED, den Weltmarkt erobern. Daß das nicht geschah, hatte viele Ursachen. Tatsächlich ist die »152« aus vielerlei Gründen gescheitert. Es mangelte natürlich an Absatzmöglichkeiten im Westen. Die Sowjets leisteten, wie befürchtet, keine wirtschaftliche und technologische Unterstützung, weil ihnen ihre eigenen Produkte wichtiger waren. Die westliche Luftfahrtindustrie war ohnehin übermächtig und schon deutlich effizienter. Und außerdem erfüllten die in Pirna-Sonnenstein entwickelten Triebwerke letztlich nicht die in sie gesetzten hohen Erwartungen. Vor allem aber war die Vereinigung Volkseigener Betriebe (VVB) Flugzeugbau wirtschaftlich zu schwach, um eigenständig ein so aufwendiges Pojekt durchsetzen zu können.

Das ändert freilich nichts an der imponierenden Leistung von Brunolf Baade und seinen Mitarbeitern, die dort anknüpfen wollten, wo sie einst aufgehört hatten: Schließlich hatten vor 1945 über 60 Prozent der deutschen Luftfahrtindustrie, zivil wie militärisch, ihren Standort auf dem einstigen Territorium der DDR gehabt, nicht zuletzt in den beiden Elbestädten Dresden und Dessau. Der frühere Junkers-Konstrukteur hatte 1945 mit rund 2000 anderen deutschen Flugzeugbauern zur »Beute« der Sowjetunion gehört. In der UdSSR entwickelten Baade und seine Männer in Berjosowo mehrere Flugzeuge. Sofort nach ihrer Rückkehr nach Deutschland wurde unter Baades Führung der Flugzeugbau in der DDR aufgenommen. Anfangs wurde vor allem die sowjetische Iljuschin-14 in Lizenz nachgebaut, doch gleichzeitig – von weltpolitischem Ehrgeiz getrieben – wurde die »152« entwickelt, die seinerzeit durchaus den modernsten aerodynamischen Erkenntnissen entsprach und sich nicht vor westlichen Produkten im gerade erst beginnenden Düsenzeitaltler zu verstecken brauchte. 1957 waren die Projektarbeiten abgeschlossen. Am 30. April 1959 rollte das erste Exemplar mit dem amtlichen Kennzeichen DM-ZYA feierlich aus der Montagehalle in Dresden-Klotzsche. Und nach siebenmonatiger Bodenerprobung folgte dann dam 4. Dezember 1958 der weltweit bestaunte 22minütige Erstflug – soweit die Fachwelt damals überhaupt informiert wurde oder Details erfuhr. Beim Jungfernflug wurden noch vier sowjetische Mikulin-RD-93-Triebwerke von je 25,5 kN Startschub benutzt, weil die eigenen Motoren aus der Elbestadt Pirna noch nicht fertig waren. Bis auf wenige vermeintliche Kleinigkeiten waren Testpilot Willi Lehmann, Copilot Kurt Bemme und Mechaniker Paul Heerling zufrieden. Die Katastrophe kam erst beim zweiten Flug.

Es gibt Augenzeugen, die diese Katastrophe miterlebt haben: In knapp 600 Metern geht der Jet in einen steilen Gleitflug über und schlägt schließlich bei Ottendorf-Okrilla, neun Kilometer vom Flughafen Dresden entfernt, in einem Winkel von 70 Grad auf. Obwohl es der Crew, wie die Untersuchungen bestätigten, offenkundig gelang, die Triebwerke kurz vor dem Aufprall wieder anzuwerfen – während der letzten Flugsekunden waren die Triebwerke auf Leerlauf gedrosselt gewesen – kamen alle Rettungsmanöver zu spät. Um aus dem überzogenen Flugzustand wieder in eine stabile Fluglage zu gelangen, hätte die »152« eine Höhe von wenigstens 2500 Metern haben müssen. Nach langer weitgehend ergebnisloser Ursachensuche werden später beim zweiten Prototypen 152 V-4 konstruktive Mängel im Flügelbereich festgestellt, ohne daß allerdings je wirklich geklärt worden wäre, warum die »V-1« wirklich abgestürzt ist. Vielfach wurden Unzulänglichkeiten in der Kraftstoffversorgung vermutet. Die 152 V-4 mit Pirna-014-Triebwerken von je 30,9 kN Startschub flog zweimal; ein Flug dauerte 22 Minuten, ein zweiter 20 Minuten. Es waren die letzten Flüge, weil die Versuchspiloten nicht mehr mitmachen wollten. Trotzdem wurden in Dresden noch zwei weitere Exemplare fertiggestellt und für knapp zwei Dutzend Flugzeuge Einzelteile bis zu fertigen Zellen für Bruchversuche produziert. Doch die hochfliegenden Träume von 80 Flugzeugen – schon 1962 sollte die erste »152« an die Interflug, die einstige Fluggesellschaft DDR, die sich damals noch Lufthansa der DDR nannte, ausgeliefert werden – erfüllten sich nicht. Selbst die Interflug hätte höchstens 15 Exemplare benötigt. Festbestellungen aus dem Ausland lagen sowieso nicht vor, nur einige Absichtserklärungen, vor allem aus Ungarn und Polen. Und der »große Bruder« Sowjetunion leistete keine Hilfe, dachte vorrangig an seine eigene aufgeblähte Luftfahrtindustrie und vermied es tunlichst, irgendwelche Verpflichtungen zum Nutzen der DDR-Luftfahrtindustrie einzugehen, auch wenn man zeitweilig durchaus technische Hilfe geleistet hatte. Von brüderlicher Solidarität in der Wirtschaftsgemeinschaft des Ostblocks war keine Rede.

Folglich liefen den unbestritten engagierten DDR-Flugzeugbauern die Kosten in atemberaubendem Tempo davon. Insgesamt sollen Entwicklung und Bau des ersten deutschen Düsenverkehrsflugzeuges damals über zwei Milliarden Mark verschlungen haben – für seinerzeitige Verhältnisse, vor über drei Jahrzehnten, unvorstellbare Summen, die selbst der wenig auf ökonomische Effizienz bedachten DDR-Obrigkeit graue Haare wachsen ließen. Im März 1961 einigten sich die führenden politischen Gremien der DDR über die Einstellung des Flugzeugbaus im »Ersten Arbeiter- und Bauernstaat auf deutschem Boden«, nachdem man im Sommer 1960 noch erwogen hatte, wenigstens eine Serie von 16 Flugzeugen herzustellen. Doch am 5. April 1961 zog das SED-Zentralkomitee auch endlich einen förmlichen Schlußstrich: Die DDR baute keine Flugzeuge mehr. In den Werken, in denen einst zeitweise 20000 Menschen beschäftigt gewesen waren, wurden nunmehr landwirtschaftliche Maschinen, Kühlschränke und Elektrogeräte gefertigt, später wieder sowjetische MiGs gewartet und repariert. Viele der besten und motiviertesten Dresdener Flugzeugbauer gingen enttäuscht in den Westen – vornehmlich nach München und Bremen. Professor Brunolf Baade starb 1969. Niemand würdigte seine großen Verdienste, nirgendwo in der DDR wurde sein Andenken hochgehalten.

Doch das historische Verdienst bleibt ihm und seinen Mitarbeitern: In »Elb-Florenz« wurde das erste deutsche Düsenverkehrsflugzeug gebaut – nur wenige Jahre, nachdem die Briten als mutige Pioniere mit der unglückseligen »Comet« das Düsenzeitalter eröffnet hatten, und fast gleichzeitig mit der amerikanischen Boeing-707, mit der dann in Seattle wirklich und richtig die Aera des Düsenverkehrs begann. Auch wenn die sowjetische Tu-l04 schon vorher flog, auch im Liniendienst. Was hierzulande oft vergessen oder verschwiegen wird.

Von der Idee bis zum Erstflug: 15 Jahre

In den »Goldenen 20ern und 30ern« war das alles noch ganz einfach: Da gab es ein rundes Dutzend genialer Konstrukteure, die der Fliegerei den Weg wiesen und denen meistens nur eine Handvoll engagierter und oft selbst fliegender Ingenieure und Techniker zur Seit stand. Intuition war gefragt. Genauso wie die felsenfeste Überzeugung, auf dem richtigen Weg zu sein. Dafür stehen Namen wie Anthony H. G. Fokker und Hugo Junkers, Igor Sikorsky und Claude Dornier, William E. Boeing und Ernst Heinkel. Digitale Rechner, Computer und Windkanäle gab es nicht, als ihre ersten berühmten Flugzeuge entstanden. Und doch schufen sie das Fundament. Ohne die Junkers F 13, das erste Ganzmetallflugzeug der Welt, würde es heute keine deutsche Flugzeugindustrie geben. Ohne das berühmte Wasserflugzeug »B & W«, ein Doppeldecker aus Holz, Segeltuch und Klavierdraht, würden heute keine Boeing-Jets fliegen. Dieser legendenverklärte Doppeldecker wurde von zwei Männern konstruiert: William E. Boeing und C. Conrad Westerfelt. 21 Männer bauten das Flugzeug zusammen. Das war anno 1915. Das alles ist Vergangenheit. Nostalgisch verklärt.
Heutzutage sind Flugzeuge vielleicht das einzige Produkt der Industrie, an deren Entwicklung und Herstellung praktisch alle vorstellbaren technischen Berufe beteiligt sind. Die Palette reicht vom Ingenieur über den Programmierer bis zum Kunststofftechniker und endet, natürlich, nicht bei Mechanikern, Schlossern, Elektronikern, Aerodynamikern. »Ich glaube wirklich«, so Jürgen Thomas, Jahrgang 1937, studierter Maschinenbauer mit dem Schwerpunkt Aerodynamik und heute in der Daimler-Benz Aerospace Airbus für die Vorentwicklung und Technologie verantwortlich, »Flugzeuge in ihrer heutigen Komplexität sind die einzige industrielle Disziplin, in der alle technischen und auch ungewöhnliche andere Berufe vertreten sind.« Beispielsweise zahlreiche gelernte und studierte Schiffbauer; sie sind vor allem an Windkanalforschungen beteiligt. Und selbstverständlich werden auch Teppichleger und Dekorateure benötigt. Und ohne Kaufleute, Marketingfachleute und Juristen geht's auch nicht. Der Branchenspruch ist bekannt: »Bei uns arbeiten alle mit. Nur die Bäcker und Köche arbeiten in der Kantine. Die werden beim Bau und Verkauf unserer Jets nicht benötigt.« Was auch nicht ganz stimmt: Bei so manchem Verkaufsgespräch in den noblen Kasinos der Flugzeugwerke muß auch das Dinner stimmen.
Der vierstrahlige Airbus A340 symbolisiert wie kaum ein zweiter Jet der Gegenwart – gemeinsam mit seiner zweistrahligen Schwester A330 – die ungewöhnlichen industriellen, logistischen und zeitlichen Dimensionen, in denen heutzutage Flugzeuge entstehen und auch auf dem Weltmarkt durchgesetzt werden können. Denn nichts wäre für die Industrie verhängnisvoller, als ein Flugzeug zu entwickeln und auch noch zu bauen, das keinen Markt findet. Exakte Marktanalysen und Entwicklung müssen von vornherein Hand in Hand und parallel vonstatten gehen. Flops kann sich die Luftfahrtindustrie nicht mehr erlauben. Die Vergangenheit beweist es, die Gegenwart bestätigt es: Lockheed ist als Hersteller aus dem zivilen Markt verschwunden, weil sein letztes Produkt, die TriStar, sich auf dem Weltmarkt nicht entscheidend durchsetzen konnte, obwohl es sogar eine militärische Tank- und Transportversion gab. Vor ähnlichen Problemen steht heute McDonnell Douglas: So erfolgreich noch die DC-9-Serie war, so wenig gewinnbringend waren seitdem alle anderen Produkte. Die DC-10 ist nie in die Gewinnzone geflogen; ähnlich dürfte es der MD-11 ergehen. Bleiben der Gigant Boeing und die Airbus Industrie. Im Grunde brachten alle Boeing-Jets Schwarze Zahlen, als eigenständige Produkte oder mit Hilfe militärischer Versionen. Wobei der City-Jet Boeing-737 und der Jumbo Boeing-747 bis heute die großen »Moneymaker« sind, die anfangs sehr umstrittene zweistrahlige Boeing-757 sich inzwischen auch behauptet und die Boeing -767, die es ursprünglich gegen den Airbus A310 sehr schwer hatte, eine etablierte Größe am Himmel ist und ähnlich wie der City-Jet und die diversen Jumbos auch ein »Moneymaker« zu werden verspricht. Das Erfolgsgeheimnis von Boeing: Überzeugende »Familienpolitik« – für jeden Bedarf und für jede Distanz ein (fast) maßgeschneidertes Flugzeug. Damit konnte Lockheed nie aufwarten,

Schon vor 20 Jahren konzipiert: Die legendäre "TA 11", der spätere Airbus A340

TA11
TA11

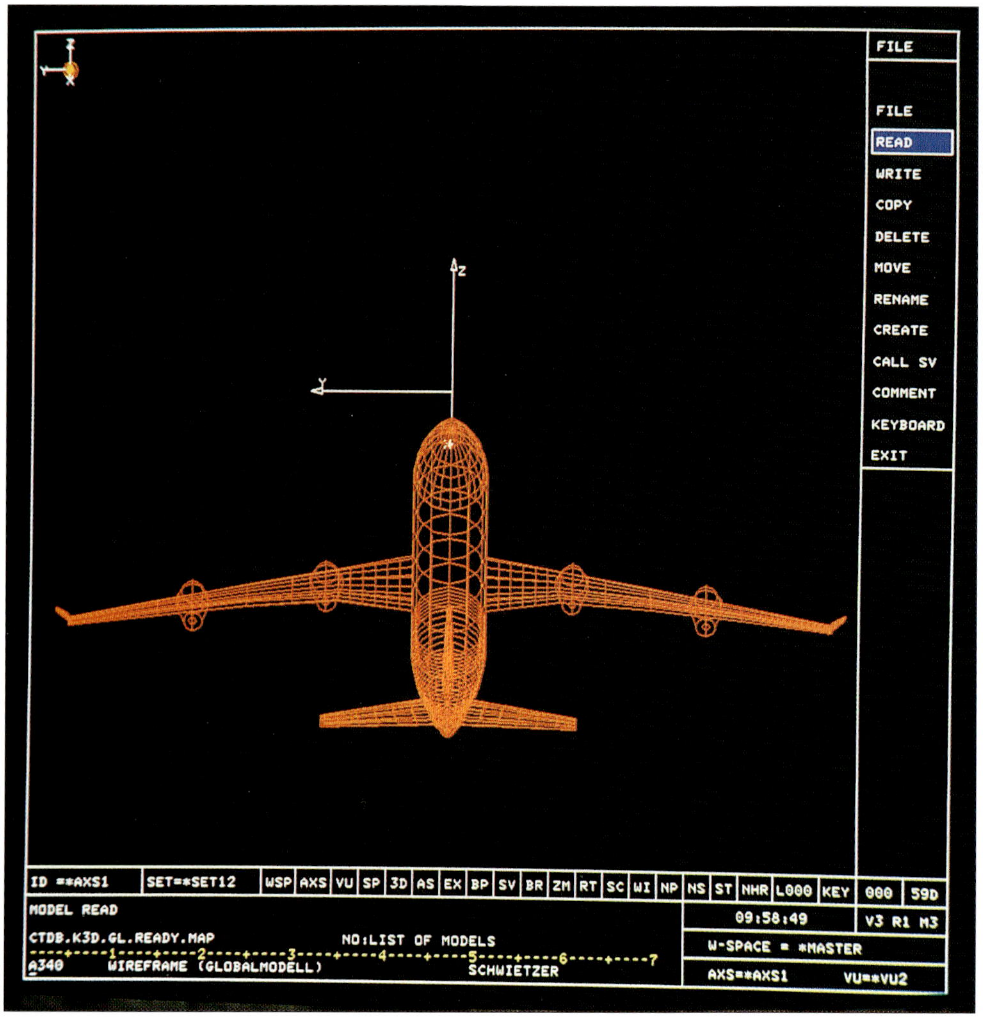

das hat de facto auch McDonnell Douglas nicht geschafft.
Den Aufbau einer kompletten »Familie« aber haben die Europäer bewältigt, obwohl die amerikanischen Konkurrenz das nie für möglich gehalten hat – und deshalb hat sich die Airbus Industrie am Markt durchgesetzt, ist eine feste Größe geworden und schreibt mittlerweile sogar Schwarze Zahlen. In erster Linie dank des Kurz- und Mittelstreckenjets A320. Und künftig auch dank des A340/A330 Programms.
Dieses Flugzeug aber, das seinen

Der Große Europäer - am Bildschirm konstruiert und entwickelt

Erstflug am 25. Oktober 1991 hatte, war im Grunde an diesem Tag schon über 15 Jahre alt. Und es ist im Grundkonzept fast so geblieben, wie es von seinen deutschen und französischen Vätern schon Mitte der 70er Jahre konzipiert worden war: Die »TA 11« war von vornherein als vierstrahliges Flugzeug für extrem lange Strecken mit geringerem bis mittlerem Passagieraufkommen geplant; und die zweistrahlige »TA 9« – der heutige Airbus A330 – war von Anfang an als Twinjet für den immer mehr überlasteten Mittelstreckenbereich vorgesehen. Inzwischen – insofern haben sich die Missionen dieses Flugzeuges gewandelt bzw. erweitert – gehören auch transatlantische Flüge zum Aufgabenbereich der A330. Soweit hatten die Airbus-Pioniere 1975 und 1976 noch nicht denken können, daß eines Tages auch Ozeanüberquerungen mit zweistrahligen Flugzeugen möglich und selbstverständlich werden würden.
2800 Ingenieure sind auf deutscher Seite in der Entwicklung und Konstruktion der Daimler-Benz Aerospace Airbus tätig; zu 80 bis 90 Prozent waren und sind sie am A340/330-Programm beteiligt. Ähnlich groß ist die Zahl beim französischen Konsortiums-Partner Aerospatiale; etwas weniger sind es bei British Aerospace. Das bedeutet, daß bei den großen Airbus-Projekten annähernd 5000 Entwicklungs-Ingenieuere und Konstrukteure mitwirken. In der Produktion sind in Deutschland für den Airbus Mitarbeiter 17 000 Mitarbeiter tätig, von denen knapp 12 000 direkt mit dem »Großen Europäer« zu tun haben. Bei Aerospatiale sind das – vergleichsweise und nur auf den ersten Blick etwas überraschend – deutlich weniger: Rund 15500 arbeiten am Airbus, gut 13000 sind mit dem A340/330-Projekt verbunden. Daß in Frankreich weniger Aerospatiale-Beschäftigte für das Airbus-Programm tätig sein sollen als in Deutschland, ist trotzdem nicht zutreffend. In Frankreich arbeitet die Airbus-Industrie deutlich mehr als hierzulande mit Unterauftragsnehmern und vergibt viele Arbeiten

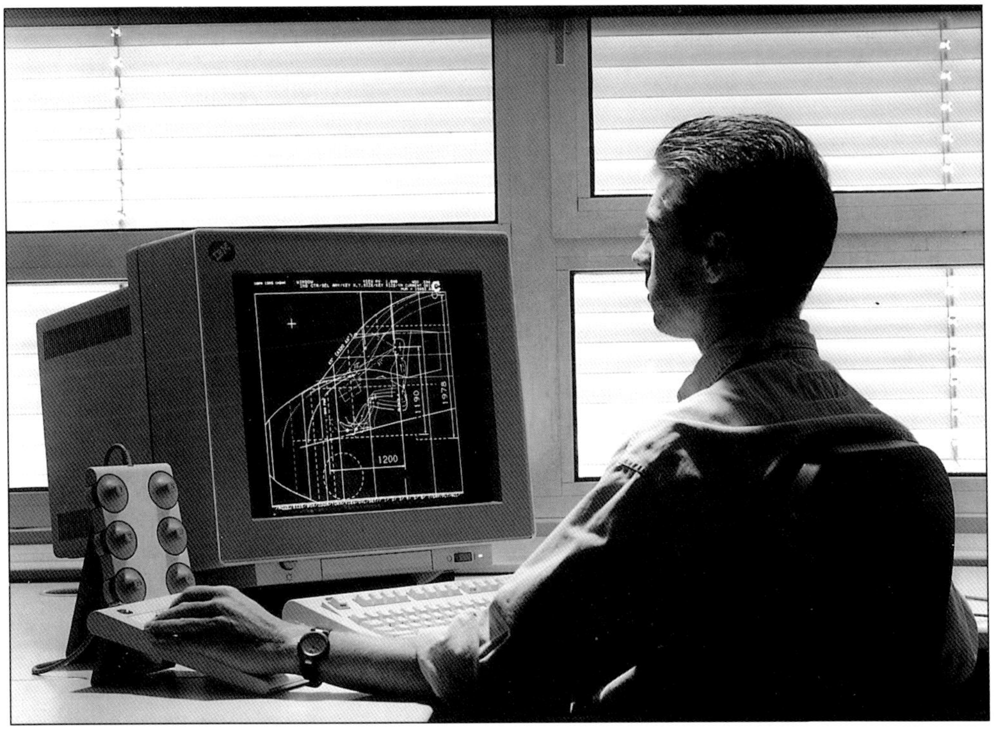

Moderner Flugzeugbau: Computer haben Reißbretter verdrängt

– bis zu 20 Prozent – an andere Firmen. Rundherum sind mittlerweile über 50000 Menschen in Europa total vom Airbus-Programm abhängig – und immer mehr vom vierstrahligen A340.
Von der Idee bis zum Erstflug »fliegt« heutzutage jedes moderne Flugzeug über so viele technische, bürokratische, finanzielle und politische Hürden, daß es am Ende oft einem Wunder gleich kommt, daß diese Vögel schließlich doch noch flügge werden – und manchmal sogar mit großem wirtschaftlichem Erfolg. Noch vor wenigen Jahren kalkulierte die europäische und amerikanische Flugzeugindustrie mit einem Entwicklungsaufwand von rund zwei Milliarden US-Dollar. Dabei muß noch berücksichtigt werden – positives Resultat der sich auch in der Produktion kostenmäßig niederschlagenden »Familien-Palette« – daß der Airbus A340/330 viele wesentliche technologische Komponenten vom Twinjet A320 wie das Fly-by-wire-System und im Prinzip auch das Cockpit übernommen hat. Der neue zweistrahlige amerikanische Langstreckenjet Boeing-777, mit dem der Gigant aus Seattle den Europäern Paroli bieten will, hat nach vorsichtigen Schätzungen wenigstens 7,5 Milliarden US-Dollar Entwicklungskosten verschlungen. Fachleute diesseits und jenseits des Atlantiks kalkulieren mit bis zu neun Milliarden US-Dollar Entwicklungskosten für dieses neue Großprojekt von Boeing.
Vor diesem Hintergrund wird verständlich, daß die Entwicklung eines neuen Flugzeuges generalstabsmäßig und möglichst fehlerlos organisiert und geplant werden muß. Grundsätzlich beginnen alle Flugzeugentwicklungen im Projektbüro. Die Entwurfsabteilung setzt die Eckdaten – in engster Zusammenarbeit mit den Marktanalytikern der Airbus Industrie. Das ist bei der deutsche Airbus-Welt ein Kern von fünf Experten; total ist dieser Kreis bei der Airbus Industrie ein gutes Dutzend Frauen und Männer stark. Fachressorts leisten schon in dieser frühen Phase entscheidende Zubringerdienste, die am guten Ende über die Qualität, das Leistungsvermögen und die Kapazitäten des Flugzeuges entscheiden. Als wesentliche und exakt berechenbare Komponenten werden Reichweite, Passagierzahl, aerodynamische Verbesserungen, Triebwerksleistungen, Strukturgewichte der verschiedenen Flugzeugversionen eingebracht. Schon im Vorfeld hatten die Marktanalytiker der Airbus Industrie genaue Untersuchungen bei den etwa 280 weltweit infrage kommenden Fluggesellschaften durchgeführt, deren mittel- und langfristige Planungen abgeklopft und dabei berücksichtigt, daß das Durchschnittsalter eines Jets heute bei 22 bis 28 Jahren liegt, die potenten Airlines ihre Flugzeuge aber schon nach weniger als zehn Jahren wieder abstoßen und die Luftfahrt generell mit jährlichen Wachstumsraten von etwa 5 Prozent kalkuliert.
All das sind wesentliche Eckdaten, die im Projektbüro umgesetzt werden. Und die im übrigen immer unter Berücksichtigung aller von den Behörden – in Deutschland vom Luftfahrtbundesamt (LBA) in Braunschweig – ausgearbeiteten Richtlinien Verwendung finden. Dazu gehören dann auch solche nur auf den ersten (laienhaften) Blick »nebensächlichen« Probleme

wie die Entflammbarkeit von Passagiersitzen oder das Gewicht der Toiletten und Galleys.
Über dem großen Entwurf dürfen nie die »Kleinigkeiten vergessen werden. Deshalb steht am Anfang eines neuen Flugzeugprojektes ein Pflichtenheft – der Begriff ist deshalb irreführend, weil dieses Arbeitspapier zuguterletzt ein vielbändiges mammutiöses Werk ist – in dem, aufbauend auf den Marktanalysen, die wichtigsten Entwurfsziele wie Flugleistung, Reichweite, Sitzzahl und auch Passagierkomfort definiert sind. Der nächste Schritt ist der Vorentwurf. Jetzt sind die Ingenieur-Kompanien der Werke gefordert, jetzt laufen die Digitalrechner und Konstruktionsbildschirme buchstäblich heiß – und das jahrelang. Mit Hilfe eines modernen elektronischen Datenverarbeitungssystems, ohne daß heutige Flugzeuge überhaupt nicht zu fertigen sind, entsteht ein sogenannter »Basisentwurf«, der zum Ausgangspunkt aller weiteren Planungsarbeiten wird. Erfahrene und bewährte Fachabteilungen in Deutschland, Frankreich und England, aber auch in Spanien, in den Niederlanden und in Italien bearbeiten bereits in dieser Phase die oft schwierigen Detail-Projekte wie Rumpf-, Flügel- und Fahrwerk-Zuordnung, beschäftigen sich mit der Cockpitauslegung – immer unterstützt von den Forschungs- und Entwicklungsabteilungen der Airbus Industrie, die ständig nach neuen Wegen und Verbesserungen sucht. Dem Projektbüro kommt dabei eine Schlüsselrolle zu, integriert es doch kontinuierlich alle diese verschiedenen Aktivitäten.
Da die europäischen Flugzeugbauer – genauso wie die Konkurrenz in Seattle – natürlich nicht auf einer einsamen Insel leben, sondern immer dem harten Wind des Wettbewerbs ausgesetzt sind, werden schon im Entwicklungs- und Konstruktionsstadium alle erarbeiteten Daten und Werte mit den Leistungsparametern auch der Konkurrenz verglichen. Alles steht letztlich unter der Peitsche, die da heißt »Direkte Betriebskosten«.
Das bedeutet in der Praxis, jedes Detail immer wieder zu überprüfen, die Effizienz verbessern und nicht dem Zufall zu überlassen. Dabei sind eigene Erfahrungen – negativer wie positiver Art – oft genauso wichtig wie die regelmäßigen Vergleiche mit den Produkten der konkurrierenden Hersteller. Am Ende steht als wichtigstes Resultat dieser Arbeit die »Technische Beschreibung« des Flugzeuges.
Diese dient bereits als Arbeitsunterlage und Fundament für alle Verhandlungen mit den Airlines.
Diese Standardspezifikation entscheidet im Grunde schon weitgehend darüber, ob das Flugzeug ein Flop oder ein Erfolg wird.
Die Kundschaft erwartet und braucht »perfekte« Flugzeuge. Ginge es nach den Fluggesellschaften allein, dann würde jede Airline einen anderen A340 ordern. Jede Fluggesellschaft hat eigene Vorstellungen über Kapazität, Reichweite und Innenausstattung »ihrer« Jets. Markterfolge stellen sich nur dann ein, wenn Querschnitt, Kapazität und Komforterwartung erfüllt werden. Das ist das »Geheimnis« des Erfolges des Airbus A320. Beispielsweise haben sich extrem gedrungen Rümpfe nicht bewährt, weil sie schwer zugänglich sind. Extrem schlanke Rümpfe dagegen sind nicht nur schwer, sondern erschweren auch den Startvorgang. Das alles sind Komponenten, die berücksichtigt werden müssen. Über allem steht die Flugphysik: Die sogenannten äußere Geometrie eines Flugzeuges beansprucht ganze Kompanien von Spezialisten für die Aerodynamik, die Strukturbelastungsermittlung, die Flugmechanik, die Flugführung und die Antriebstechnik. Die Aerodynamik bestimmt dabei bis ins letzte nur noch mit Hilfe von leistungsfähigen Computern zu ermittelnde geometrische Definitionen vom Rumpf, den Leitwerken, den Rudern , Verkleidungen und vor allem den Tragflächen.
Nur so lassen sich schließlich die garantierten Flugleistungen bestimmen, die statischen und dynamischen Lasten und Lastverteilungen errechnen, das Flugverhalten präzisieren und die Flatterfreiheit erreichen und gewährleisten.
Entwicklungschef in Hamburg, Jürgen Thomas, lachend: »Manchmal wundere ich mich ja selbst, daß dieser Prozeß letzten Endes funktioniert. Und manchmal ist das auch alles sehr schwierig, aber es funktioniert.«
Das Großartige, so Jürgen Thomas, ist, daß es gelungen sei, diese Integration der Aerodynamik zu erreichen. Das komplette Flugphysik-Arbeitsspektrum erstreckt sich über die gesamte Entwicklungsphase und dauert gewissermaßen vom ersten Entwurf über den Erstflug bis zur Musterzulassung, die dem Flugzeug erst den Zugang zum Markt eröffnet. Fünf wesentliche Faktoren werden von der Aerodynamik erfaßt, wobei trotz aller Fortschritte der von der theoretischen Aerodynamik entwickelten Rechenverfahren erst die Windkanalversuche am Modell zu präzisen und verbindlichen Aussagen und Erkenntnissen führen:

Im Deutsch-Niederländischen Windkanal haben die deutschen Flugzeugbauer beispielhafte Pionierarbeit geleistet

Zuerst wird der Flügelentwurf für den Reiseflug geschaffen. Mit der genau vorgegebenen Machzahl werden Flügelgrundriß und -fläche, der verlangte Auftriebsbereich und die Auftriebsverteilung bestimmt. Alle theoretischen Arbeiten und Resultate werden abschließend im Windkanal überprüft.
Der Entwurf der sogenannten Hochauftriebsfiguration für Start und Landung gründet sich auf den grundsätzlichen Projektanforderungen. Sektionsweise werden dabei Parameter wie Klappeneinstellungen, Spalten oder Überlappungen und die entsprechenden Strömungseigenschaften berechnet; am Ende werden die leistungsfähigsten Kombinationen von Vorflügel und Klappeneinstellung ermittelt. Die Leistungen für den maximalen Auftrieb und die beste Gleitzahl sowie Stabilität und Steuerbarkeit werden wieder im Windkanal überprüft.
Die Projektanforderungen und die Resultate des Flügelentwurfs in Reiseflug- bzw. Hochauftriebsfiguration bestimmen den Entwurf der Leitwerke. Die Leitwerke werden mit Hilfe einer Datenbank entworfen; die Leistungen und Lasten werden nachgerechnet und schließlich mit Hilfe von Windkanalversuchen kontrolliert.
Alle externen Forderungen aus Struktur, Flugmechanik und den einzelnen Systemen müssen bei der Gesamtfiguration im Hinblick auf das Zusammenwirken aller Einzelentwürfe berücksichtigt werden. Der Nachweis der totalen Integration aller Komponenten – Triebwerk, Tragfläche, Rumpf, Leitwerke – muß im Windkanal erbracht werden.
Alle Windkanalexperimente werden bereits bei Entwicklungsbeginn definiert und festgelegt. Dabei stellen die Windkanalmodelle einzelne Flugzeugkomponenten und auch das vollständige Flugzeug dar.
In der Praxis hat das längst zu noch vor wenigen Jahren unvorstellbaren Konsequenzen geführt. So fanden schon im Frühjahr 1990 nach umfangreichen und gründlichen Vorarbeiten erste Ganzmodell-Versuche mit einem A340-Modell im 680 Millionen Dollar teuren Deutsch-Niederländischen Windkanal (NDW) mit drei modernen Triebwerkssimulatoren (TPS) statt. Aufwendiger und systematischer wurden noch nie die aerodynamischen Luftkräfte und auch der von den Triebwerken erzeugte Schub ermittelt – beispielhaft für die Luftfahrtindustrie der ganzen Welt. Das lukrative Resultat dieser Pionierleistung der deutschen Airbus-Partner: Die von den deutschen Ingenieuren und Physikern gewonnenen Erkenntnisse haben dazu geführt, Triebwerkssimulato-

ren (Turbine Power Simulators TPS) sowohl für den eigenen Bedarf als auch für Kunden selbst zu entwickeln und zu fertigen. Mehrerer dieser jeweils rund 500 000 Mark teuren Geräte wurden bereits verkauft.
Das praktische Procedere der weiteren Entwicklung des Airbus A340/330 war ein bis ins letzte Detail festgelegter und kontinuierlicher ständigen Kontrollen unterworfener Arbeitsprozeß, bei dem nichts, aber auch wirklich nichts dem Zufall überlassen blieb, der sich prinzipiell allerdings kaum vom Werdegang anderer neuer Flugzeuge unterscheidet. In dieser Phase sind Boeing- und Airbus-Ingenieure absolut austauschbar – in Seattle und Everett wird de facto, von Kleinigkeiten abgesehen, keine andere Arbeit geleistet als in Toulouse oder Hamburg.
Eine Schlüsselrolle im Entwicklungsablauf nimmt die Flugdynamik ein, deren Grundelemente die Flugmechanik, die Flugführung, die Antriebstechnik, der Forschungsbericht Flugleistungen und die Aerolastik sind. Die sogenannte Flugmechanik garantiert das Gleichgewicht aller auf das Flugzeug wirkenden Kräfte und Momente, setzt die richtige Dimensionierung von Steuerflächen und Rudern voraus und gewährleistet, daß der Jet auch äußere Störungen wie Böen und Turbulenzen problemlos bewältigt. Der Sektor Flugführung beinhaltet die Integration aller Anzeigen, Schaltsysteme und Autopilotfunktionen; hier spielen moderne Rechner und Computer eine entscheidende Rolle und ermöglichen den Piloten und Airlines schon in einem frühzeitigen Projektstadium, sich mit dem neuen Fluggerät theoretisch vertraut zu machen. Die Antriebstechnik umfaßt nicht nur die Leistungen und Qualität der ausgewählten Flugzeugkörper – ein weites Feld, über das bis heute keine Einmütigkeit unter den Experten herrscht. Die unterschiedliche Anbringung der Triebwerke bei den verschiedenen Jets bestätigt das. Im Bereich Flugleistungen geht es um mögliche Flughöhen, Steigfähigkeiten, Start- und Landestrecken und die enge Kooperation mit den Kunden-Airlines, deren Vorstellungen und Wünsche bereits in einem sehr frühen Entwicklungsstand integriert werden können. Einen wesentlichen Raum nimmt schließlich die Aerolastik ein, deren Forschungsergebnisse entscheidend zur Sicherheit beitragen. Aus den langjährigen Erfahrungen der Flugzeughersteller in aller Welt haben die deutschen Airbusbauer mit Hilfe von Großrechnern eigene Verfahren zur aerolastischen Optimierung der Flugzeugstruktur ermittelt. Der Kernsatz dieser Forschungen ist in der bemerkenswerten und beispiellosen, von der ehemaligen Deutschen Airbus GmbH herausgegebenen Schrift »Ein Flugzeug entsteht« enthalten: »Sollten errechnete Flatter-Geschwindigkeiten innerhalb des operationell genutzten Geschwindigkeitsbereiches oder in zu geringem Abstand dazu auftreten, müssen Flugzeugstruktur und -system so verändert werden, daß derartige Instabilitäten hinreichend weit aus diesem Bereich herausgehalten werden.«
Man kann´s auch auf ganz simple Art formulieren: Sicherheit ist alles. Oder: Hätten die Konstrukteure des ersten bundesdeutschen Verkehrsjets VFW 614 schon vor 20 Jahren gewußt, was die Airbus-Konstrukteure heute wissen, wäre der erste Prototyp der VFW 614 nicht am 1. Februar 1972 über dem Bremer Flugplatz abgestürzt. Das Wesen elastischer Verformungen, die an einem Flugzeug stationäre Zusatzluftkräfte erzeugen, zu erkennen, das vor allem gehört zu den Aufgaben der Spezialisten, die sich mit der sogenannten statischen Aeroelastik beschäftigen.
Wer immer in der Vergangenheit Flugzeuge gebaut hat – das gilt für alle großen Flugzeughersteller und ganz besonders für die Airbus Industrie – hat diese Jets immer in enger Kooperation mit den Launching Customern entwickelt. Launching Customer sind potente Fluggesellschaften mit excellenten Ingenieur-Teams, die schon in der Frühphase der Entwicklung eines neuen Jets Einfluß auf seine Definition nehmen. Je besser die Ingenieur-Direktionen dieser Airlines sind, desto besser werden am Ende die Flugzeuge – das wissen Hersteller und Kunden. So wurde beispielsweise der City-Jet Boeing-737 erst flügge und schließlich ein Marktschlager und ein Verkaufserfolg ohne Beispiel, als die Lufthansa die »Patenrolle« übernahm und dieses Flugzeug forcierte. Andere glückliche Launching-Customer-Beispiele sind der Jumbo – die Boeing-747 verdankt ihre heutige Rolle letztlich der einst so berühmten Pan Am – und der Airbus A310, der gemeinsam von Swissair und Lufthansa gelauncht wurde. Zum klassischen Launching-Customer-Fall aber ist der Airbus A 340 geworden, das imponierende »Familien-Mitglied« der europäischen Flugzeugbauer. Die Lufthanseaten haben wie keine andere Airline für den vierstrahligen

Airbus A340 gekämpft und wollten ihn am liebsten noch vor dem zweistrahligen Erfolgsjet A320 auf dem Markt haben. Sie haben als Launching Customer nicht weniger als 439 Änderungen in den »Großen Europäer« eingebracht, von denen etwa 50 Prozent heute zum Standard dieses Flugzeuges gehören. Immerhin hat die Deutsche Lufthansa – exakt berechnet – über 30000 Ingenieurstunden in den Airbus A340/330 eingebracht.

In 80 Tagen wird der vierstrahlige Jet flügge

In Amerika ist alles größer. Die Flugzeuge sowieso. Und wer je die gigantischen Boeing-Fertigungshallen in Everett erlebt und »durchwandert« hat, wo die 70 Meter langen Jumbos und der Twinjet 777 buchstäblich vom Band rollen, ist von amerikanischen Dimensionen beeindruckt. Doch die Welt zwischen Himmel und Erde hat sich verändert. Inzwischen haben die Ingenieure und Manager der großen amerikanischen Airlines in Europa das Staunen gelernt. Seit sich beispielsweise die führende amerikanische Techniker in Toulouse gründlich umgeschaut und europäische Fertigungsmethoden und -prozesse studiert haben, wissen sie nicht nur, wie groß die Europäer geworden sind, sondern vor allem, wie gut sie sind. Kooperation und Präzision, das ist der Schlüssel zum Erfolg der Airbus Industrie. Längst wird das ursprünglich von den deutschen Airbuspartner kreierte Werkstättenprinzip weltweit angewandt. Erst folgten, anfangs sehr skeptisch, die Franzosen und Briten, jetzt die Amerikaner. Leistungsfähige Fertigungszellen zu schaffen, war die erfolgreiche Maxime der Europäer – der amerikanische Riese Boeing folgt heute im Grunde auch diesem wirtschaftlich und industriell sinnvollen Prinzip. Das bedeutet in der Praxis allerdings auch, daß der Kunde sprich die Airlines 16 bis 17 Monate vor der Auslieferung »seiner« Jets genauestens seine speziellen Wünsche und Vorstellungen definiert haben muß; notfalls reichen auch elf bis zwölf Monate, wenn es sich nicht gerade um elementare Änderungswünsche handelt.
Wenn alle in Europa – und auch in den USA – gefertigten Airbus-Komponenten Toulouse erreicht haben, ist nichts mehr zu ändern. Dann entsteht in geradezu atemberaubendem Tempo der vierstrahlige Airbus A340. Oder seine zweistrahlige Schwester A330. In nur rund 80 Arbeitstagen – in rund fünf Monaten – wird der »Große Europäer« flügge. Zum Vergleich: Die integrierte Endmontage für den – allerdings kleineren – Airbus A321 in Hamburg-Finkenwerder wird in 45 Arbeitstagen oder etwa neun Wochen bewältigt. Das sind die markanten Schlüsseldaten für einen Jet, den der langjährige Lufthansa-Technik-Chef Reinhardt Abraham einmal »das mit Abstand beste Langstreckenflugzeug, das heute gebaut werden kann« genannt hat: 15 Jahre von der Idee bis zum Erstflug – 80 Arbeitstage Endmontage in dem hochmodernen Clément Ader-Areal, das amerikanische Dimensionen hat, amerikanische Fachleute staunen läßt und zum imponierendenSymbol europäischer Größe und zum Synonym erfolgreicher Kooperation geworden ist.
In diesem Hallenkomplex hat das 21. Jahrhundert bereits Einzug gehalten: Das in nur dreijähriger Bauzeit fertiggestellt Werk in Colomiers – in nächster Nachbarschaft von Aerospatiale – ist heute – auf einer Fläche von 70 Hektar – Europas größte und modernste Produktionsstätte der Luftfahrtindustrie. 1,5 Milliarden Französische Franc hat die Anlage gekostet, die Erinnerung an den großen französischen Luftfahrtpionier Clément Ader weckt, der das Wort »Avion« prägte, in den 80er Jahren des vorigen Jahrhunderts die »Eole« baute und in den 90er Jahren die »Avion« und dem schon am 9. Oktober 1890 ein Luftsprung von 50 Metern gelungen sein soll – ein Jahr vor Otto Lilienthals Gleitflügen und 13 Jahre vor den Gebrüdern Wright.
Die Clément Ader-Endmontagehalle ist 503 Meter lang und 230 Meter breit; 60000 Quadratmeter Fläche wurden überdacht. Die endgültige Ausstattung der Flugzeuge erfolgt in der zweiten 50000 Quadratmeter großen Halle: 21 Tage blieb der Airbus A340 – auf sieben verschiedenen Positionen – in dieser Halle, ehe es in die Paint Shops für das äußere Make up geht.
Clément Ader, Jahrgang 1841, gestorben 1925, als die Luftfahrt längst ihren Siegeszug angetreten hatte, war unbestritten ein Mann mit visionären Gaben. Doch selbst ein Clément Ader, bis heute in Frankreich als »Vater der Luftfahrt« gefeiert und gewürdigt, würde fassungslos werden, könnte er heute einmal die Clément Ader-Hallen besuchen. Er würde genauso staunen und fasziniert sein wie alle Besucher – in Colomiers ist Europa ein gutes und schönes Stück vorangekommen.
Tragflächen aus England, Rumpf

Rumpfmittelstücke der A340 aus Hamburg-Finkenwerder verschwinden im großen Bauch der "Super Guppy"

3
3
EXIT
SG

sektionen aus Deutschland und Frankreich, Höhenleitwerke aus Spanien, Seitenleitwerke aus Deutschland, Triebwerke aus den USA und die Cockpits aus Frankreich. Und viele italienische, niederländische und belgische Ingenieure und Facharbeiter sind auch beteiligt. Die Airbus Industrie ist in Europa längst eine feste wirtschaftspolitische Größe geworden. Summa summarum arbeiten im Airbus-Programm in Europa 50000 Menschen; Unterauftragnehmer und Zulieferer garantieren in West-, Mittel- und Südeuropa für mehrere Zehntausend Arbeitsplätze zusätzlich. Fast 6000 kleine und mittelständische Unternehmen in allen deutschen Bundesländern arbeiten als Zulieferer für die Airbus Industrie, vielfach als excellente Spezialisten und High tech-Firmen. Ohne sie wäre die europäische Flugzeugindustrie nicht existenzfähig – umgekehrt garantieren die Airbus-Programme vielen Zulieferern guten Umsatz und sichere Arbeitsplätze. Welche Bedeutung diese Unternehmen inzwischen oft erlangt haben, läßt sich an einem Beispiel aus dem niedersächsischen Oldenburg demonstrieren: Ein Unterlieferant hat so hervorragende Nietautomaten für die Flugzeugindustrie entwickelt, daß inzwischen auch der Gigant Boeing und die Japaner sich die Fähigkeiten und Kapazitäten dieser Firma gesichert haben und somit ihre Fertigungsverfahren nach dem Airbus-Beispiel erheblich verbessern konnten.
Die Endmontage in Colomiers vereint hervorragende europäische Produkte und erbringt erstklassige zwei- und vierstrahlige Großraumflugzeuge. Doch Flugzeugbau und Flugzeugfertigung sind längst interkontinentale Arbeitsprozesse. Im ähnlichen Maße, wie die amerikanischen Hersteller mit europäischen und asiatischen Unterneh

Der Airbus A340: Made in Europa mit amerikanischer Hochtechnologie

men kooperieren und sogar wesentliche Teile in Übersee bauen lassen, ist die Airbus Industrie von der US-Luftfahrtindustrie abhängig. Bei den Airbus-Modellen liegt der amerikanische Anteil bei rund 20 bis 30 Prozent; in Nordamerika sind rund 50000 bis 60000 hochqualifizierte Arbeitskräfte de facto vom europäischen Airbus abhängig. Daß der US-Anteil an den europäischen Jets nicht noch höher ist, ist vor allem darauf zurückzuführen, daß die Europäer zunehmend als Partner oder Unterauftragnehmer der großen amerikanischen Triebwerksfirmen General Electric und Pratt & Whitney auftreten. Das gilt nicht nur für das amerikanisch-französische Gemeinschaftsunternehmen CFM International – Partner sind SNECMA in Frankreich und General Electric in den USA – mit dem eigens für den Airbus A340 entwickelten CFM56-5C2-Triebwerk mit einer Schubleistung von 144 kN, dessen Emissionen deutlich unter allen vergleichbaren und im Einsatz befindlichen Flugmotoren liegen und das außerdem eine erheblich reduzierte Lärmsignatur hat. Pauschal gilt bei heutigen Verkehrsflugzeugen: Je ein Drittel des Produktionsanteils geht kostenmäßig auf die Struktur, die Geräte und die Triebwerke – beim 120 Millionen-Dollar-Flieger Airbus A340 kosten die vier Triebwerke zusammen rund 30 Millionen US-Dollar. Das Equipment einschließlich der Bordcomputer der Hilfstriebwerke (Auxiliary Power Unit/APU), der Flugsicherungssysteme oder der Fahrwerke beläuft sich beim Airbus A340 auf über 11 Millionen US-Dollar. Die Fahrwerke allein kosten rund 1,4 Millionen Dollar.

Vor diesem Hintergrund sind auch die langjährigen und zeitweise sehr rüden Angriffe, oft in ultimativer Form, gegen die Airbus Industrie und die tatsächlichen oder vermuteten staatlichen Förderungsmaßnahmen und -mittel weitgehend abgeklungen. Vor allem die nordamerikanischen Airlines haben sich überhaupt nicht mehr beeinflussen und vom Kauf europäischer Jets abhalten lassen: Airbusse aller Typen sind längst zur Selbstverständlichkeit am Himmel über den USA geworden. 500 Unternehmen unterschiedlichster Größe in 34 Bundesstaaten der USA sind Partner und Zulieferer der Airbus Industrie. Diese Zahl hat die aggressive Lobby der US-Flugzeughersteller, die sich bis zum Boykottaufruf gegenüber der europäischen Konkurrenz verstieg, leiser werden lassen.

Man darf es auch anders formulieren: Der deutsche Wertanteil am Airbus-Programm – das gilt auch für die A330 und die A340 – liegt letzten Endes nicht über 17 Prozent und damit unter dem amerikanischen Wertanteil; gleiches gilt für Frankreich. Alle anderen direkten Airbus-Partner sind ohnehin mit wesentlich kleineren Anteilen beteiligt. Bei CASA in Spanien sind rund 1800 Menschen am Airbus beteiligt; sie fertigen das Höhenleitwerk. Bei der belgischen Belairbus werden die Vorflügel für den Airbus A340 hergestellt; das bewältigen 400 Arbeitskräfte. Deutlich größer ist der Anteil von British Aerospace mit rund 9000 Beschäftigten. Ihr Job ist die Herstellung der Tragflächen. Diese Flügelkästen, die übrigens auch in Großbritannien entwickelt worden sind – auch »Wing Box« genannt – werden dann nach Bremen zur Flügelendmontage gebracht.

Nach allen Startproblemen, Kommunikationsschwierigkeiten und manchmal doch erheblichen Reibungsverlusten vor allem in den 70er und 80er Jahren ist es schon eindrucksvoll, wie gut das diffizile Industrie-Konglomerat mittlerweile funktioniert. Und entgegen allen kritischen Darstellungen und Vorwürfen in der Vergangenheit, die letzlich in der Beschuldigung der wirtschaftlichen Ineffizienz fokussierten, herrscht heutzutage doch weitgehend Einmütigkeit darüber, daß »kaum eine bessere als die heutige Organisationform darstellbar ist«, wie es einer der führenden deutschen Manager einmal definiert hat. Das schließt Überraschungen durch den ein oder anderen Partner nie aus. Das große Kooperationsproblem hat im Grunde meist vorrangig darin bestanden – eine durchaus selbstkritische deutsche Erkenntnis – wirklich alle Karten offen auf den Tisch zu packen. Wobei es in diesem Zusammenhang immer bemerkenswert ist, wie gut oft die sogenannten kleineren Partner arbeiten. Glänzendes Beispiel: Belairbus. Die Franzosen und Deutschen wissen längst und bestätigen es jederzeit freimütig: Die Belgier sind unauffällig, aber leisten gute Arbeit. Und was die großen amerikanischen Partner betrifft, so gibt es bei den Europäern kaum ernsthafte Beschwerden: Amerikas Triebwerksbauer, Elektroniker und Computerhersteller verstehen ihr Handwerk und ihr Geschäft. Halt Profis mit oft imponierend kurzen Durchlaufzeiten und extrem schnellen Fertigungsverfahren. Die Automatisierung vieler Arbeitsprozesse hat die Airbus-Hersteller zwar erheblich

Die Clement-Ader-Halle, Europas größte und modernste Produktionsstätte der Luftfahrtindustrie

aerospatiale
77
88
N025

Die erste A340 verläßt die Lackierhalle in Blagnac

vorangebracht und auch zu deutlichen Fortschritten in punkto Qualität geführt, »aber wir wissen, daß wir unsere Durchlaufzeiten halbieren und die Herstellungskosten um 30 Prozent senken müssen, um noch besser am schwer erkämpften Markt bestehen zu können«, wie es Dr. Gustav Humbert der Vorsitzende der Daimler-Benz Aerospace Airbus GmbH definierte. Der Airbus-Boß sprach direkt vom A321/A319-Programm in Hamburg-Finkenwerder – »Unsere heutige monatliche Produktionsrate beim A321/A319-Programm wird sich von gut zwei Flugzeugen bis Ende 1996 auf fünf pro Monat steigern« – doch die gleiche Maxime gilt auch für die Widebody-Flugzeuge, für die Endmontage der »Großen Europäer« in Toulouse.

Das gilt für alle Partner. Es gilt auch für die deutschen Airbus-Werke, so sehr das deutscherseits mit Erfolg kreierte und mittlerweile vielfach kopierte Werkstättenkonzept einen wirtschaftlichen Produktionsfluß ermöglicht und schließlich kontinuierlich erleichtert hat. Kritiker, die den Airbus-Bauern jahrelang vorgeworfen hatten, die Schaffung von Produktionsschwerpunkten sei kostspielig, zeitaufwendig und unpraktisch, sind inzwischen leiser geworden. Im Gegenteil: Dieses Werkstättenprinzip, das ursprünglich nur auf die norddeutschen Werke zugeschnitten war, hat Allgemeingültigkeit erlangt und bestimmt auch den Arbeitsrhythmus und die Vorgabe in Dresden und in den neuen Airbus-Werken in Süddeutschland. Schwerpunkt der deutschen Airbus-Welt ist Hamburg, wo sich auch der Sitz der Geschäftsführung der Daimler-Benz Aerospace Airbus GmbH befindet, mit rund 7500 Beschäftigten, von denen knapp 5000 in der Produktion tätig sind. Konstruktion und Fertigung machen in Finkenwerder

Airbus-Chef Dr. Gustav Humbert: "Wir müssen die Herstellungskosten um 30 Prozent senken, um am Markt bestehen zu können"

Das Traditionswerk Bremen ist das Zentrum für die Flügelendmontage aller Großraumjets der Airbus-Welt

einen hohen Prozentteil aus. Das Werk Hamburg-Finkenwerder, das nicht zuletzt im Zusammenhang mit der Endlinie für die »Kleinen Airbusse« A319 und A321 kontinuierlich erweitert worden ist, verfügt außerdem über vielfältige Testeinrichtungen für statische und dynamische Versuche. In Finkenwerder findet die Montage aller Airbus-Rümpfe statt; erst nachdem diese Rümpfe mit allen flugwichtigen Systemen wie Elektronik, Hydraulik, Klimaanlagen und Elektrik ausgerüstet worden sind, werden sie in den Super Guppies und mit der »Beluga« nach Toulouse geflogen. Außerdem werden alle Airbusse nach ihrer Fertigstellung in Toulouse in Hamburg mit den kundenspezifischen Kabinensystemen und allen anderen Innenausstattungen versehen – ausgenommen die A340/330-Flotte. Diesen Tribut mußten die deutschen Partner Aerospatiale zollen, als die Endmontage des zweistrahligen Airbus A321 und der kleineren A319 nach Hamburg vergeben wurde.

Auch für das moderne Klimasystem im neuen Airbus A340 sind die Hamburger verantwortlich. Airbus-Ingenieure an der Elbe haben eine Klimaanlage entwickelt und definiert, die nicht mehr mit den biederen Belüftungsanlagen früherer Generationen zu vergleichen ist. Dieses »Environmental control system« garantiert einen konstanten Luftdruck im Airbus 340, wie er normalerweise in 2400 Meter Höhe herrscht, und sorgt gleichzeitig für die Zufuhr von richtig temperierter und möglichst stark angefeuchteter Luft. Selbstverständlich muß dieses bordeigene Umweltsteuerungssystem den Druck auch beim Steigflug nach dem Start und in der Abstiegsphase ausgleichen. Vor allem aber muß das »Environmental control System« für die richtigen Temperaturen sorgen, wobei oft genug für

den Laien überraschende Prozesse bewältigt werden müssen: So kommt es tatsächlich häufig vor, daß selbst in großen Höhen zwischen 10000 und 12000 Metern, wo Außentemperaturen bis zu 70 Grad minus herrschen, die Kabinen gekühlt und nicht erwärmt werden müssen. Heinz Fischer, beim deutschen Airbus-Partner für Klimasysteme verantwortlich, erklärt das Procedere: »Die Körperwärme der Passagiere, die Abwärme der Elektronik und der Beleuchtung und schließlich die Sonneneinstrahlung erzeugen Hitze, die wir ableiten müssen.«
Frische Luft im Airbus, die de facto natürlich Druckluft ist, kommt aus den Triebwerken – sie wird mit Hilfe der Triebwerkskompressoren gewonnen. Allerdings muß sie kräftig »aufgemischt« werden, damit sie feucht genug ist. Dabei geht es im vierstrahligen Airbus A340 um erstaunliche Mengen: Bei einem vollbesetzten Jet bekommt jeder Passagier pro Sekunde 9,4 Liter Luft – dicke Luft wird es also im »Großen Europäer« auch nach 14 oder 18 Stunden Flugzeit nicht geben. So lange und so weit kann der europäische Gigant fliegen. Nonstop. Damit übertrifft der Airbus A340, der eine Reichweite von maximal 14400 Kilometern hat, deutlich die moderne vierstrahlige Boeing-747-400 und die MD-11 von McDonnell Douglas.
Auch das traditionsreiche Airbus-Werk Bremen – Vorgänger waren die Focke-Wulf-Werke – nimmt eine Schlüsselfunktion auf deutscher Seite ein. Bremen ist das Zentrum für die Flügelendmontage aller Großraumflugzeuge. Wenn die aus England angelieferten Tragflächen mit Steuerung, Hydraulik, Elektrik und allen beweglichen Teilen ausgestattet sind, werden sie von den Super Guppies nach Toulouse transportiert. Bremen ist darüber hinaus Fertigungsort für die äußeren Landeklappen sowie die Steuerungskomponenten und obendrein Zentrum für die Blechteilefertigung der Daimler-Benz Aerospace Airbus GmbH. Im Werk Bremen wird – wie überall – Präzisionsarbeit geleistet, die sich in handfesten Zahlen und Daten niederschlägt. Tragflächen und Triebwerke bestimmen heute weitgehend Leistung und Qualität moderner Jets. Also kommt es darauf an, die paßgenaue Abstimmung aller Bauteile und Systeminstallationen zu gewährleisten. Das betrifft sowohl die Trennstellen und Gestaltung der Ausrüstung zum tragenden Flügelkasten („Wing Box"), von Britisch Aerospace angeliefert, und zur Rumpf-Mittelsektion von Aérospatiale als auch die von Zulieferern nach Vorgaben der Deutschen Aerospace Airbus GmbH entwickelten und hergestellten Strukturteile und Systemkomponenten. Hier wird wieder das Prinzip der Airbus Industrie offenkundig: Wer fertigt, der entwickelt und konstruiert auch. Die Zeiten haben sich gewandelt: Die Fertigung muß heute den Konstrukteuren sagen, was sie haben will. Fertigungsgerechtes Konstruieren setzt engste Kooperation zwischen Konstruktions- und Fertigungsteams voraus. Daß dabei oft komplizierte und aufwendige Aufgaben zu lösen sind, erweist sich gut am Beispiel des Airbus A340/330: 105 verschiedene Gerätetypen von 15 Ausrüstungsfirmen und 94 Strukturteile bzw. -baugruppen von sechs Unterauftragnehmern komplettieren – neben dem Eigenanteil der DASA – den gesamten Ausrüstungsumfang an einem Flügelpaar. Und dabei müssen 12500 Meter elektrische Leitungen und 650 Meter Hydraulikrohre verlegt und 3300 Konstruktions- und Fertigungsteile verarbeitet werden. Und alles auf den Bruchteil von Millimetern paßgenau.
Das ist nur vergleichbar mit der Integration der Ausrüstungssysteme, die nach international einheitlichen Richtlinien geordnet sind und entsprechend von allen Airbus-Partnerfirmen gefertigt und verwendet werden. Das reicht von den Klimaanlagen über die automatischen Flugführungssysteme, die elektrische Stromversorgung, das Kraftstoffsystem und das Hydrauliksystem bis zum Fahrwerk, dem Sauerstoffsystem und der Navigation, um nur einen Teil des Pflichtenheftes hervorzuheben, das heute fester Bestandteil aller Baupläne der Flugzeughersteller ist und das auch von der Airbus Industrie als unabdingbarer Ordnungs- und Sicherheitsfaktor angesehen wird.
Nordenham an der Unterweser, seit Jahren als Schalenbau-Zentrum für Airbus-Rümpfe bewährt, ist auch ein Musterbeispiel für moderne Fertigungsverfahren. Die großen Aluminiumfelder werden bei Produktionsbeginn verformt und partiell chemisch abgetragen. Hochautomatische Fertigungsstraßen bürgen dafür, daß monatlich rund 250 Rumpfschalen an die Rumpfmontage in Hamburg-Finkenwerder abgeliefert werden können, die in Spezialcontainern auf dem Landweg von der Weser an die Elbe gebracht werden. In Nordenham war es möglich, dank modernster Fertigungstechnologie

Haushohe CFK-Leitwerke aus Stade wurden richtungweisend im modernen Flugzeugbau

die Produktionskosten praktisch zu halbieren.
Ähnlich wie in Nordenham haben im niedersächsischen Airbus-Werk Varel am Jadebusen moderne Fertigungsanlagen erheblich zur Kostensenkung beigetragen. Die spanabhebende Bearbeitung von Flugzeugteilen steht in diesem Werk im Mittelpunkt, wobei vor allem integrale Strukturfräsanteile aus Aluminium, Stahl und Titan bearbeitet werden, die hohen Belastungen unterliegen. Dank des selbst entwickelten flexiblen Fertigungssystems FFS wurde ein hoher Automatisierungsgrad erreicht. Beschläge, Baugruppen, Konsolen, Schienen und Träger für die Rumpfsektionen, Verbindungselemente und Trag- und Leitwerkskomponente kommen aus Varel, wo außerdem Modelle für Windkanalversuche – vor allem für den Niedergeschwindigkeits-Windkanal in Bremen – hergestellt werden.
Schon seit vielen Jahren genießt das Kunststoffzentrum der Daimler-Benz Aerospace Airbus Stade in der niedersächsischen Kleinstadt , in nächster Nachbarschaft von Hamburg-Finkenwerder gelegen, weit über die deutschen Grenzen hinaus einen hervorragenden Ruf. In Stade werden die weltweit größten Strukturen aus Faserverbundwerkstoffen für moderne Verkehrsflugzeuge produziert.
Diese kohlefaserverstärkten (CFK)

haushohen Seitenleitwerke sind nicht nur um 20 Prozent leichter als herkömmliche Metalleitwerke, sondern auch elastischer und leichter zu bearbeiten – nur nach wie vor nicht preisgünstiger als Metall. Das große Seitenleitwerk vor dem Werkseingang ist längst ein Symbol der Stadt an der Schwinge, einem Nebenfluß der Elbe, geworden, die sich einst als Stadt des Schiffbaus und der Maschinenindustrie einen Namen gemacht hat. In Stade, wo auch andere Kunststoff-Komponenten für die Airbus-Innenausstattung oder für die Landeklappen gefertigt werden, ist erstmals in der »großen« Luftfahrtindustrie erfolgreich praktiziert worden, was die deutschen Segelflugzeugbauer schon 20 Jahre zuvor vorexerziert hatten: Moderne Faserverbundwerkstoffe im Flugzeugbau zu integrieren. Während diese Seitenleitwerke für alle Großraum-Airbusse auf Großtransportern über die Landstraße nach Toulouse gefahren werden, fliegen die Seitenleitwerke für den Airbus A320 mit der Super Guppy nach Frankreich. Beim Airbus A321 und seiner kleineren »Schwester« A319 wurde das alles einfacher: Das Werk Stade ist nur wenige Kilometer vom Werk entfernt.

Die allgemeine Krise der Weltluftfahrt, die vor den Partnern der europäischen Airbus Industrie nicht Halt gemacht und zu drakonischen Sparmaßnahmen auch in Deutschland geführt hat – Dolores wurde zum Inbegriff eines bundesweiten Kahlschlags mit langfristig einschneidenden Konsequenzen – wirkte sich besonders auf die Traditionswerke Laupheim und Speyer aus. Wie ihre Besitzverhältnisse künftig gestaltet werden, ist ungewiß. Sicher ist nur, daß sie auch in Zukunft an der Airbus-Produktion beteiligt sein werden. Laupheim wurde 1960 vom deutschen Luftfahrt-Pionier Ludwig Bölkow gegründet und wenig später als zukunftweisendes Kunststoff-Zentrum gefeiert. Hier sind auch die ersten Segelflugzeuge aus Faserverbundwerkstoffen entstanden. Künftig wird dieses Werk vor allem Kunststoff-Innenverkleidungen und Klimarohre für alle Airbus-Typen fabrizieren; auf diesem Arbeitssektor haben die Laupheimer große Erfahrungen. Ähnlich wie in Stade ist in Laupheim bei Ulm die Luftfahrt-Industrie immer ein Stück weiter gewesen als andererorts. Ein Sub-Unternehmer der Airbus-Industrie war Laupheim schon immer – seit 20 Jahren.

Das Werk Speyer gehörte seit 1980 zum MBB-Konzern und kann auf eine lange Luftfahrt-Tradition zurückblicken: Schon 1913 existierten die Pfalz-Flugzeugwerke, 1955 wurden die Ernst Heinkel Flugzeugbau GmbH gegründet und 1965 wurde Speyer von VFW in Bremen übernommen, doch immer drohte in den vergangenen 20 Jahren die Schließung dieses Unternehmens.

Heute werden in Speyer Strukturbaugruppen für Airbus und Fokker gefertigt, Schalen montiert und elektrische Leitungsbündel und Rohrsysteme hergestellt.

DRESDEN ist Standort des jünsten Airbus-Werkes. Vom einst größten Unternehmen der ostdeutschen Luftfahrtindustrie, das vorrangig Militärflugzeuge des Ostblocks gewartet hat, und seinen noch kurz nach der politischen Wende über 2000 beschäftigten Mitarbeitern ist nur ein Teil übrig geblieben oder – nach dem absoluten Tief – sogar wieder angeheuert worden: Rund 550 Beschäftigte. Die direkte Eingliederung und Betreuung dieses Werkes war von vornherein Airbus-Devise, was allerdings neue Koordinierung und Logistik-Probleme heraufbeschwor.Dresdens größtens Plus war allen Verantwortlichen: Gute und motivierte Handwerker und Facharbeiter. Vorrangig sollen die Elbe-Flugzeugwerke – genaugenommen wie in der Vergangenheit – Wartungsaufgaben leisten. Dazu kommen die Rumpfheck-Montage der Fokker 100 und wahrscheinlich – auf lange Sicht gesehen – auch die Fertigung von Airbusteilen. Jürgen E. Schrempp, der damalige Dasa-Chef und heutige Daimler-Benz-Vorsitzende, hat es unmißverständlich präzisiert: »In Dresden stehen wir in industriepolitischer Verantwortung. In Dresden haben wir einen Stamm hervorragender Facharbeiter und Techniker, die motiviert sind und auf die wir bauen können.« Mit andern Worten: Der deutsche Airbus-Partner scheint willens und entschlossen zu sein, die traditionsreiche Luftfahrtstadt Dresden nicht untergehen zu lassen. Nach dem löblichen Motto: Das ganze Deutschland soll es sein. Nicht nur der Norden und der Süden, sondern auch der Osten soll sich mit dem Airbus identifizieren können.

Härtetest in Hitze und Kälte

Ein Dutzend und manchmal sogar 15 Jahre gehen ins Land, bis aus der Idee ein modernes Verkehrsflugzeug wird. Und was sich am Ende als Stolz der Hersteller präsentiert, sieht meistens doch ganz anders aus als das, was ursprüng-

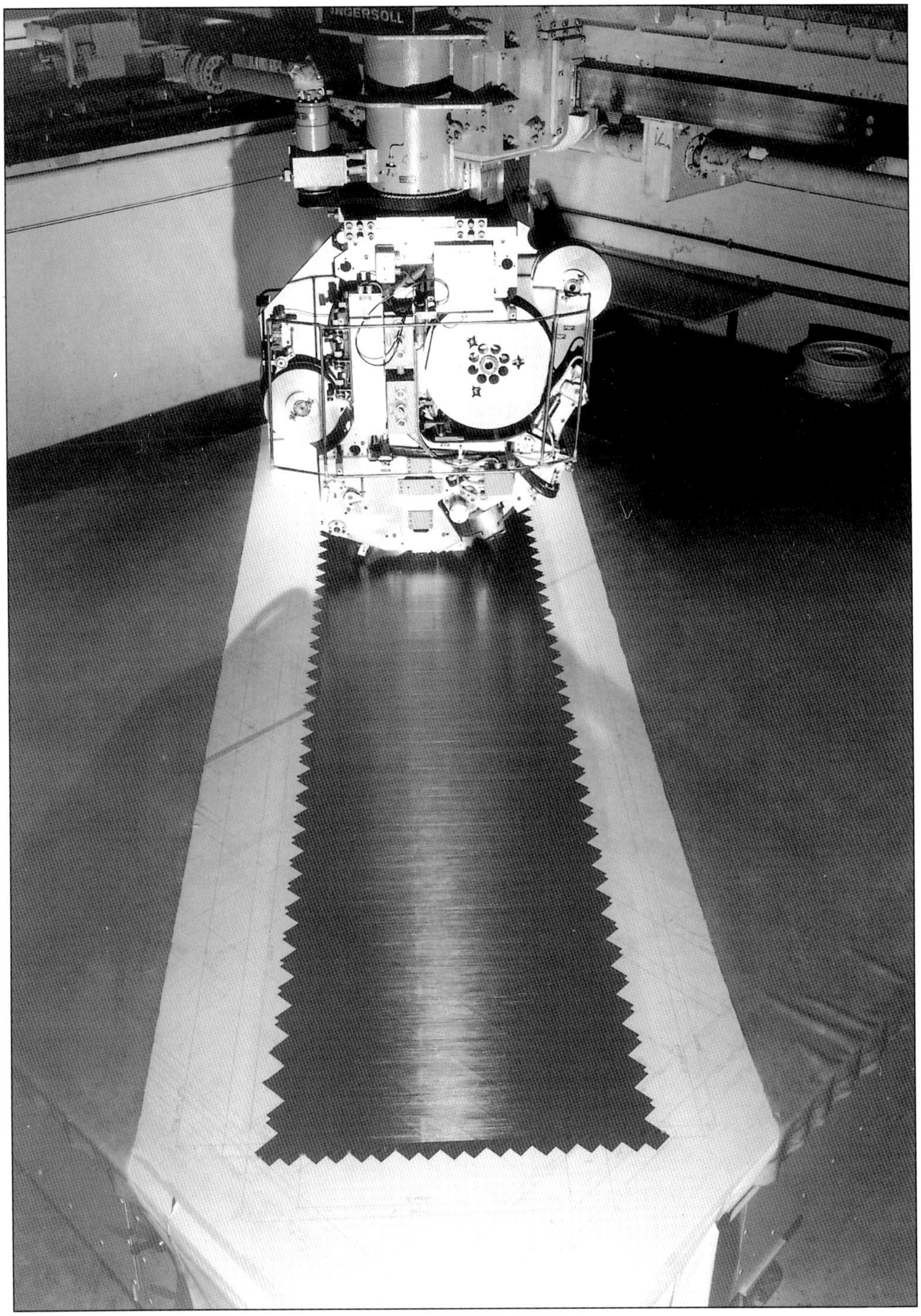

Die Integration moderner Faserverbundwerkstoffe revolutionierte den Flugzeugbau

lich erdacht und konzipiert war. Auch wenn die Grundidee gewahrt bleibt. Schließlich muß das Konzept vernünftig und marktgerecht sein – sonst läßt sich der schönste Vogel nicht verkaufen. Als der erste Airbus A340 am 25. Oktober 1991 zum Jungfernflug startet, war er im Grunde – als Idee mutiger Manager und in die Zukunft blickender Konstrukteure – 15 Jahre alt. Die zweite wichtige Phase im Leben eines Verkehrsflugzeuges ist die eigentliche Fertigung, die sich in zwei wesentliche Abschnitte unterteilen läßt: Die Produktion aller Einzelteile in den Werken der fünf Partnerstaaten – inklusive der vielen Subunternehmer und Zulieferer – und die Endmontage, die, jedenfalls bei den Widebodies, in Toulouse stattfindet. Summa summarum dauert diese Phase knapp eineinhalb Jahre; nur in den ersten Wochen und monaten dieser »Schwangerschaft« haben die Kunden-Airlines noch die Möglichkeit, Änderungswünsche anzubringen. Ist erst einmal der Fertigungsprozeß richtig angelaufen, sind keine spezifischen Wünsche der Fluggesellschaften mehr zu erfüllen. In den 80 Tagen der Endmontage in Toulouse – 80 reine Arbeitstage sind de facto fünf Monate – sowieso nicht.

Mit dem Jungfernflug des ersten Prototyps eines neuen Verkehrsflugzeuges ist eine Mammutarbeit abgeschlossen, die in ihren Dimensionen schier unvorstellbar ist, Zehntausende von Arbeitern, Ingenieuren, Konstrukteuren und Kaufleuten jahrelang beschäftigt und – je nach Art und Größe des neuen Jets – eineinhalb bis sieben Milliarden US-Dollar gekostet hat. Das sind – nach heutigem Kurs – gut 2 bis knapp 10 Milliarden Mark. Doch mit diesem Erstflug – in der Historie aller Flugzeughersteller der Welt denkwürdige Meilensteine, die entsprechend ge-

Demonstrationsflug auf der Airshow in Avalon bei Melbourne

A340

Nach 15jähriger Vorarbeit: Erstflug des Airbus A340 am 25. Oktober 1991

würdigt und oft spektakulär gefeiert werden – ist erst der zweite Abschnitt auf dem langen und beschwerlichen Weg in den Alltag zwischen Himmel und Erde zurückgelegt worden. Um beim praktischen Beispiel des vierstrahligen Airbus A340 und seiner »Zwillingsschwester«, der zweistrahligen A330, zu bleiben: Vom Jungfernflug des ersten Prototyps bis zur behördlichen Zulassung in den wichtigsten Ländern – USA, Frankreich, Großbritannien und Deutschland – vergehen in der Regel noch einmal zwölf bis fünfzehn Monate. Und manchmal dauert´s sogar noch länger. Jedenfalls erhielt die Deutsche Lufthansa, der wichtigste Launching Customer beim »Großen Europäer« aus Toulouse, ihren ersten Airbus A340 Ende Januar 1993. Beim ersten Exemplar für die Lufthansa handelte es sich um einen Airbus A340-200, eine verkürzte Version mit kürzerem Rumpf und deutlich größerer Reichweite. Der zweite Airbus, der zur Auslieferung kam, war eine herkömmliche A340-300 für die Air-France-Tochter UTA.

Doch auch dieser Lebensabschnitt im Dasein eines neuen Verkehrsflugzeuges, ehe es dann endgültig in den Liniendienst geht, ist strapaziös, aufwendig und mit sehr viel – teurer – Arbeit verbunden. Das gilt für Hersteller und Fluggesellschaften gleichermaßen. Und dauert im Grunde auch viel länger

als lediglich vom Jungfernflug des ersten Flugzeuges dieses Typs bis zur Übergabe an die Airlines. Jedes einzelne Gerät, das in den Jet integriert worden ist, ist schon vor dem Erstflug gründlichst überprüft und getestet worden. Ein Beispiel von vielen: Das Hilfsaggregat – APU = Auxiliary Power Unit – des Airbus A340 wer schon vor dem Erstflug beim Hersteller Garrett über 2000 Betriebsstunden lang erfolgreich gelaufen; die beiden dabei verwendeten APUs wurden nach ihren langen Probeläufen wieder zerlegt; qualifizierte Ingenieure der Airlines wurden eigens eingeladen, diese Hilfstriebwerke gründlich, gemeinsam mit Airbus-Technikern, zu untersuchen. Am Ende stand ein Meeting über Befund und Qualität der Garrett-Triebwerke.
Schon vier Wochen nach dem Erstflug des ersten Airbus A340 war dieser Prototyp in allen Geschwindigkeitsbereichen zwischen 100 Knoten (185 Stundenkilometern) und 300 Knoten (555 Stundenkilometern) und schließlich bis Mach 0,82 geflogen worden. Bereits Ende Juli 1992 hatten sechs Airbus A340 über 1000 der insgesamt 2000 geplanten und für die amtliche Zulassung notwenigen Flugstunden absolviert. Das waren über 300 Flüge – Schwerstarbeit für die Testpiloten und Flugingenieure. Die Crews der Airbus Industrie sahen sich bei diesem Programm, an dem sowohl Piloten der amerikanischen Zulassungsbehörde FAA (Federation Aviation Administration), der de facto wichtigsten und richtungweisenden amtlichen Instanz der Luftfahrt weltweit, als auch die ersten Crews der künftigen Kunden-Airlines teilnahmen, härtesten Belastungen ausgesetzt. Das galt nicht nur für die obligaten und überlebenswichtigen Flatterversuche – Flatterschwingungen bei Flugzeugen, vornehmlich an den Tragflächen und Leitwerken auftretend, entstehen aus dem Zusammenwirken von aerodynamischen, elastischen sowie Trägheitskräften, können bei kritischen Fluggeschwindigkeiten auftreten und schlimmstenfalls zum Bruch führen – sondern auch für die Tests mit natürlicher Vereisung. Dabei wird das Flugzeug bewußt in Gewitterfronten geflogen, um entsprechende Vereisungsbedingungen anzutreffen. Obendrein wurde bei diesen Testflügen gleichzeitig der Beweis erbracht, daß der Airbus A340 auch mehrere Blitzeinschläge ohne gravierende Folgen aushalten kann. Wenige Wochen später wurden Blitzschlagversuche auch am Boden durchgeführt.
Besonders auf dem weiten Bereich des Blitzschutzes – vor allem vor dem Hintergrund, daß zunehmend Faserverbundwerkstoffe, vor allem CFK, im modernen Flugzeugbau verwandt werden – haben die Airbus-Bauer Pionierarbeit geleistet. Weil sich Faserverbundwerkstoffstrukturen anders verhalten als entsprechende Strukturen aus Metall und auch der spezifische elektrische Widerstand höher ist als der von Metallen, blieb den europäischen Flugzeugherstellern nichts anderes übrig, als nach neuen Blitzschutzmaßnahmen zu suchen. Die schon seit 1976 in Bremen gewonnen Erkenntnisse bildeten, wie Hans-Peter Wentzel

Die Crew des A340-Jungfernfluges: Jean-Marie Mathios, Jürgen Hammer, Pierre Baud, Nick Warner und Gerard Guyot (von links nach rechts)

vom Bremer Airbus-Werk definiert, »die Basis für das Projekt zur Entwicklung und Prüfung von Blitzschutzmaßnahmen für einen CFK-Flügel mit Integraltank«. In enger Zusammenarbeit mit der Universität Hannover gelang es, eigene Schutzmaßnahmen zu entwickeln. Das erklärte Ziel: Ein CFK-Flügel mit integriertem Tank, dessen Haut bei Einschlägen nicht durchbrennen kann, der vor Zündfunken geschützt werden kann und der eine elektromagnetische Abschirmung der elektrischen und elektronischen Ausrüstung vor allem im Kabelbereich einschließt. Nach den vielfältigen positiven Blitzschutzerfahrungen in anderen wichtigen Strukturbereichen bei neuen Airbus-Typen ist Hans-Peter Wentzel jetzt auch im Hinblick auf künftige CFK-Flügel optimistisch: »Die Blitzschutzprobleme sind lösbar.«

Nichts gab es – und gibt es in ähnlicher Dimensionen bei der Erprobung und Zulassung aller neuen Verkehrsflugzeuge diesseits und jenseits des Atlantik – was nicht gründlichst geprüft wurde. Und immer stand und steht ein doppeltes Muß hinter allen Tests und Versuchen: Die praktische Überprüfung der selbst definierten Qualitäts- und Sicherheitsmaximen und die exakte Erfüllung der Vorschriften der internationalen Luftfahrtbehörden. Beispielsweise Startabbruchversuche bei Verwendung von schon abgenutzten Bremsscheiben – das war eine Auflage der FAA. »Mit neuen Bremsscheiben kann jeder den Start abbrechen«, bemerkte einer der Airbus-Testpiloten spöttisch. Mit alten Bremsscheiben konnten sie´s auch. Nichts für Passagiere. Ein Trost bleibt diesen: Erstens wird kaum ein Passagier je in seinem Leben derartiges erdulden müssen – und zweitens wurde in Toulouse bewiesen, daß es notfalls geht. Wie das Gesetz es befiehlt. Wie überhaupt so gut wie alle Tests, Materialprüfungen und Probeläufe – in der Luft wie am Boden – im Grunde ausschließlich der Erreichung einer maximalen Sicherheit und der Bewältigung des »Falles X«, der nie eintreten sollte, dienen.

Auch die Ermüdung einer Flugzeugzelle, die sowohl den Airbus A340 als auch den Airbus A330 darstellt, gehört zu diesem Pflichtpensum. Diese im Juli 1992 bei der Industrieanlagen-Betriebsgesellschaft (IBAG) in Ottobrunn bei München aufgenommenen Versuche wurden solange fortgesetzt, bis ein etwa zweieinhalbfaches Flugzeugleben simuliert worden ist. Das erste große Plus war von vornherein gegeben: Die Ähnlichkeit beider Flugzeugtypen ermöglichte es, die Arbeiten nur an einem Rumpf durchzuführen. Erklärtes Ziel derartiger Versuche ist der Nachweis dauerhafter Haltbarkeit im täglichen Einsatz. Denn die vielfältigen Lastwechsel beim Fliegen und Landen können zu Ermüdungs- bzw. Strukturschäden führen – just diese Schäden unter allen Umständen auszuschließen, ist der Zweck dieser Versuche, bei denen wesentliche Rumpfsektionen und die Tragflächen in einem überdimensionalen Gerüst mit Hilfe von 98 Hydraulikzylindern und mit einer Druckanlage – in einer Art Zeitraffer-Prozedur – allen wichtigen Belastungen ausgesetzt werden. Das bedeutet: Rund 1000 Flugsimulationen pro Woche. Oder anders ausgedrückt: Bis zur Zulassung des Airbus A340 durch die Luftfahrtbehörden waren rund 16000 »Flüge« erreicht, ohne daß sich dieses »Flugzeug« einmal in die Luft erhoben hat. Zyklen heißt das in der Sprache der Flugzeugbauer. Insgesamt wurden 85000 Zyklen geschafft, wovon allerdings die zweite Hälfte dem A330-Flugspektrum angepaßt wurde. Die Versuche gingen sogar soweit, daß an besonders beanspruchten Rumpfstellen künstliche Schäden verursacht werden, um das kontinuierliche Wachstum dieser Schadstellen und Risse verfolgen zu können.

Und wem all diese mannigfaltigen Arbeiten, die letztendlich vor·allem der Sicherheit dienen, noch nicht ausreichen, dem darf erklärt werden: Auch »Kleinigkeiten« wie die schnellstmögliche Notevakuierung der Passagiere aus den Großraumjets A330 und A340 gehören zu den behördlich geforderten Pflichtübungen – und werden von den Luftfahrtbehörden sorgfältig überwacht.

Parallel mit der Erfüllung der Auflagen der internationalen Luftfahrtbehörden und als ein integrierter Part dieser Verfahren gehörten und gehören Langstreckenflüge rund um die Welt zum Pflichtenheft der Testpiloten, der Versuchs- und Flugingenieure. Das nahm schon am 23. Februar 1992, also nur knapp vier Monate nach dem Erstflug, seinen Anfang, als die Werks-Nummer 001 mit einem Startgewicht von 247 Tonnen in Toulouse aufstieg und in zwölf Stunden und 43 Minuten 11760 Kilometer weit nach Singapur flog. Es war der erste Flug in die große weite Welt im Rahmen des 14monatigen Versuchs- und Erprobungsprogramms. Erstmals wurde der »Große Europäer« außerhalb

Ein ungewöhnliches Bild: Wasserballast-Tanks ersetzen bei Test-und Versuchsflügen die Passagiere

Europas vorgestellt – mit an Bord bei diesem denkwürdigen Flug war Jean Pierson, der »Boß« der europäischen Airbus Industrie. Der umtriebige französische Luftfahrtindustrielle wollte sich diese Repräsentationschance auf dem Changi Airport nicht entgehen lassen. Denn mit dem langen Nonstop-Flug war eine spektakuläre Vorstellung auf der Asian Aerospace Airshow in Singapur verbunden. Der Airbus A340 war der Star dieser bedeutendsten asiatischen Luftfahrt- und Raumfahrt-Messe. Auf dem Rückflug via Mauritius wurde die »001« noch auf der Insel im Indischen Ozean Politikern und Airline-Managern vorgestellt.
Im Juli dieses Jahres 1992 folgten erste Versuchsflüge auf hochgelegenen Flughäfen bei hohen Temperaturen: Der Flughafen von Abha in Saudi-Arabien in einer Höhe von 2000 Metern über dem Meeresspiegel war für derartige Tests prädestiniert, weil die sommerlichen Temperaturen bei etwa 30 Grad liegen. Rund 40 Starts und Landungen dienten der Bestätigung der Start- und Steigflugleistungen auch unter extremen Bedingungen – die Resultate werden in den kommenden Jahren jenen Airlines helfen, die auf hochgelegenen Flughäfen operieren müssen. Doch auch das andere

Ein europäischer Botschafter über der australischen Millionenstadt Melbourne

Extrem bleibt den Crews und Flugzeugen nicht erspart: Einer der ersten Prototypen flog zur Überprüfung aller Naviagtionsgeräte über den Nordpol – am Rande war dieser Hin- und Rückflug von Toulouse nach Fairbanks in Alaska auch die erste Visite des »Großen Europäers« in den USA. Es blieb nicht die letzte: Schon jetzt haben sich vier nordamerikanische Airlines für den Airbus A340/330 entschieden. Doch der erste Flug der Flüge war dann der Nonstop-Flug eines Airbus A340-200 in 16 Stunden und 35 Minuten von Toulouse nach Perth in Westaustralien: 8100 Nautische Meilen oder rund 15000 Kilometer bewältigte die erfahrene Crew mit Pierre Baud als verantwortlichem Kammandanten. Damit war der praktische Beweis erbracht worden: Der Airbus A340-200 kann mit 263 Passagieren – das entspricht der Standard-Dreiklassenauslegung – 14500 Kilometer weit und damit weiter fliegen als alle anderen bis heute produzierten Verkehrsflugzeuge. 17-Stunden-Nonstop-Flüge waren möglich geworden. Daß schon einmal eine Boeing-747-400 der australischen Fluggesellschaft Qantas in 20 Stunden nonstop von London nach Sydney geflogen ist, spielte in diesem Zusammenhang keine Rolle: Dieser Jumbo war mit Zusatztanks ausgerüstet worden. Schwerbeladen auf seine Weise war auch der Airbus auf dem Weg von Toulouse nach Perth – und anschließend auf dem Weiterflug zur Air Show nach Melbourne – gewesen: 21 Tonnen Versuchsgeräte und 17 Tonnen Messapparate und Computer aller Art befanden sich an Bord – wie übrigens bei den meisten in der Erprobung befindlichen Jets.

Und auch das gehört zur Flugerprobung und zum Kunden-Service: Im Rahmen des Flugversuchsprogramms mußten mit dem Prototypen Nr. 3 auch schon 50 Passagiere mitfliegen, vornehmlich Marketingexperten, Flugingenieure, Programmleiter und Mitarbeiter verschiedener Partnerfirmen. Helmut Schrecker, seinerzeit noch der verantwortliche A330/340-Programmleiter in Hamburg-Finkenwerder, gab die Begründung: »Für das Gesamtbild des Flugverhaltens sind rein technische Definitionen nicht ausreichend. Wichtig ist auch das persönliche Empfinden der Fluggäste.« Also wurden Fragebögen ausgeteilt. Die 50 ausgewählten »Passagiere« mußten über die unterschiedlichen Geräuschpegel an den jeweiligen Sitzpositionen, über Bequemlichkeit der Sitze, die Handhabung von verschiedenen Innenausstattungskomponenten, über die Klimaanlage und schließlich auch über den optischen und farblichen Gesamteindruck entscheiden. Selbst nach dem Empfinden bei den unterschiedlichsten Geräuschen – beispielsweise bei der Bedienung der Fahrwerke oder dem Ausfahren der Luftbremsen – wurde gefragt. Motto: Der Kunde soll möglichst König sein – oder sich wenigstens so fühlen. Oder um mit Helmut Schrecker zu sprechen: »Auch dieser Flug hat gezeigt, daß wir auf dem richtigen Weg sind.« Die Frauen und Männer des wichtigsten A340-Launching Customers Lufthansa sind sowieso der Überzeugung, mit ihrem neuen Langstreckenjet auf dem richtigen Wege zu sein. Schon vor vier Jahren hatte der langjährige Ingenieur-Direktor der deutschen Fluggesellschaft, Rolf Stüssel, pophezeit: »Es war die großartige Idee der Airbus Industrie, ein identisches Flugzeug für zwei bzw. vier Triebwerke zu entwickeln und damit ein Reichweitenspektrum zu bieten, das kein anderes Flugzeug aufweisen kann. Dieses Flugzeugprogramm »verkauft« die Airbus Industrie übrigens viel zu schlecht. Ich bin der felsenfesten Überzeugung, daß das ganze Programm langfristig – trotz aller gegenwärtigen wirtschaftlichen Schwierigkeiten – ein Renner wird.« Karl-Heinz Dorfmeister, Jahrgang 1942, ein Eleve des 25. »NFF« in Bremen – Nachwuchsflugzeugführerlehrgang im schrecklichen Amtsdeutsch der Kranich-Flieger – viele Jahre A340-Flottenchef der Deutschen Lufthansa, brachte es auf den sachlichen Nenner: »Die A340 ist genau das Flugzeug, das uns für unsere Verkehrspolitik gefehlt hat.« Im übrigen erklärte der erfahrene Flugkapitän mit entwaffnender Offenheit: »Im Grunde gibt´s heute keine schlechten Flugzeuge mehr. Flugzeuge sind dazu da, möglichst viele Passagiere schnell, komfortabel und sicher zu transportieren. Und außerdem so leise wie möglich.« Karl-Heinz Dorfmeister ergänzt lächelnd: »Und das kann unsere A340 am besten.« Tatsächlich war der Airbus A340 längst in die Kranich-Flotte integriert. Der Anfang wurde gemacht, als der »Große Europäer« noch im Bau und der Erstflug noch Zukunftsmusik war. Der Feinschliff vor der Einführung in den Liniendienst war vielfältig: Fluggerätebauer, Ausstattungsmechaniker, Sattler und Dekorateure leisteten in diesen Wochen Präzisionsarbeit, Elektriker garantierten dafür, daß Leselichter, Ansage-, Musik- und Video-Systeme immer ordentlich

Seltener Gast in Abha in Saudi-Arabien: Eine A340 wird in Hitze und Höhe getestet

funktionieren. Vorgefertigte Bauteile wie Trennwände, Himmel- und Seitenverkleidungen wurden montiert. Denn vieles wollen die Airlines ganz anders gestalten als die Hersteller; da ist die Lufthansa keine Ausnahme. Doch die Küchen, die installiert wurden, wurden schon viele Monate vorher bestellt. Und der meterlange Katalog der Spezialwerkzeuge, mit denen die Mechaniker und Elektroniker umzugehen lernen mußten, wurde schon vor langem in gemeinsamer Arbeit in Toulouse und in Hamburg erarbeitet. Die »Geisterflotte« des Airbus A340 flog schon seit 1990 durch alle Bücher, Hallen, Werkstatten, Schulungszentren und Computer der Lufthansa und vor allem durch alle planenden und arbeitenden Köpfe. Und selbstverständlich kannte auch die Lufthansa Service GmbH (LSG) als brave und erfolgreiche Tochter der großen Mutter den vierstrahligen Jet inwendig – schon lange vor der endgültigen Übernahme in den Liniendienst – so gut, damit alle A340-Passagiere von vornherein gut versorgt werden konnten. Doch vor allem waren und sind die neuen Crews gefordert, die Kapitäne, Copiloten und Flugbegleiter. Kapazitätsumstellungen, Personalschulung, Training in Toulouse, Beschaffung von Spezialwerkzeugen, Studium der Wartungshandbücher und immer wieder engste Kooperation mit den Mangern, Ingenieuren und Testpiloten der Airbus Industrie im französichen Luftfahrt-Mekka Toulouse. Karl-Heinz Dorfmeister, der auf über 30 Jahre Flugerfahrung zurückblicken kann, einst auf der längst legendenverklärten Viscount als Copilot begann, sich auf der vierstrahligen Boeing-707 »hochdiente« und schließlich den City-Jet Boeing-737, den Airbus A310 und den Airbus A320 flog, ehe er auf den »Großen Europäer« umsatteln durfte, bekannte unumwunden. »Die Arbeit macht viel Freude und ist eine große Herausforderung. Aber ist auch Schwerstarbeit.«

»Charly« Dorfmeister weiß, wovon er spricht. Ende 1990 wurde er de facto auf den A340 »gesetzt« – formell wurde er am 1. Januar 1991 verantwortlich. Immerhin stand ihm und seinen engsten Mitarbeitern schon damals eine Fülle Arbeitsunterlagen, technischer Erkenntnisse und Leiungsparameter zur Verfügung: Schließlich hatten Peter Heldt und der Niederländer Cornelius Brandt, seiner Zeit die beiden erfahrenen Technischen Piloten der deutschen Airline, als Sachverständige des einflußreichen Launching Customers das A340-Programm schon seit vielen Jahren begleitet. Im Grunde seit 1984, als die vierstrahlige »TA11« und die zweistrahlige »TA9« auf der Air Show im englischen Farnborough als Zukunftsideen präsentiert wurden. Gut acht Jahre später, am 12. Oktober 1992, wurden die ersten vier Lufthansa-Kapitäne – unter ihnen Karl-Heinz Dorfmeister – in Toulouse auf den Airbus A340 umgeschult; Anfang November 1992 durfte sich der neue Flottenchef als »lizensierter Sachverständiger« fühlen. In diesen Wochen begann bereits die Umschulung von 37 erfahrenen A320-Kapitänen und sechs Copiloten auf den »Großen Europäer«. Wobei die Majorität dieser Kapitäne lange zwei Lizenzen besaß: Solange noch nicht

genügend Airbus A340 ausgeliefert waren, waren diese Check- und Ausbildungspiloten weiterhin auch im »Kleinen Airbus« tätig. Ein pragmatisches Verfahren, das auch vom Luftfahrtbundesamt (LBA) genehmigt worden ist. Zumal auch die Deutsche Lufthansa vor dem Hintergrund der eigenen schwierigen wirtschaftlichen Lage und der weltweiten Rezession in der Luftfahrt die Auslieferung ihres »Lieblingsjets« weit hinausgezögert hatte.
Helmut Schrecker, der 1993 Programmchef der europäischen Airbus Industrie in Toulouse wurde – Schrecker: »Diese Kreisbahn in unserer Industrie hat sich bewährt; wer zu lange an einem Ort arbeitet, verkrustet schnell« – blickt mit sichtlichem Stolz auf den jahrelangen Prozeß zurück, bis der »Große Europäer« flügge wurde: »Wir ernten jetzt die Früchte der umfangreichen Arbeit, die wir beim A320-Programm erbringen mußten. Die schweren »Turbulenzen«, die wir noch beim A320-Programm bewältigen, gab es beim Airbus A340 nicht mehr. Der umfangreiche Know how-Transfer hat sich in

Zum Kältetest nach Sibirien: Der "Große Europäer" in extremen Minus-Temperaturen

kaum vorstellbarem Maße ausgezahlt..« Helmut Schrecker bringt es auf eine drastische Formel: »Schätzungsweise drei Viertel aller problematischen Arbeiten haben wir fast ohne Schwierigkeiten gemeistert, weil wir die Erfahrung vom Airbus A320 hatten. Das gilt für die meisten Systeme.« Zu diesem wichtigen Lernprozeß, von dem in den kommenden Jahren in

Testflüge sind kein Zuckerlecken: Im Hochland der tibetanischen Hauptstadt Lhasa im Training

erster Linie die Kundschaft profitieren wird, gehört allerdings auch, daß viele Arbeitsprozesse verändert wurden. Beispielsweise wurde systematisch die Überwachung der Geräte und Systeme bis in die einzelnen Firmen hinein geändert. »Das führt dazu, daß manchmal täglich Berichte geliefert werden mußten«, erzählt Helmut Schrecker. »Wir lernten so exzessiv zu arbeiten wie nie zuvor.« Verändert und verbessert wurde auch das Monitoring: Neben die Linien-Verantwortlichkeit wurden eigene junge Leute, die von der Alltagsroutine noch nicht vorbelastet waren, gestellt. Das war neu und gab manchmal auch böses Blut. Aber die Qualität wuchs. Mit dem Airbus A340/330-Programm, das am erfolgreichen vorläufigen Ende einer europäischen Idee steht, die schon 1965 das Licht der Welt erblickte, aber steht auch fest: Genauso wie in der Airbus Industrie jeder in Europa anfangs für sich operierte und viele Jahre ins Land gehen mußten, bis dieses Konsortium als Einheit aufzutreten und zu reagieren begann, genauso haben auch die europäischen Luftfahrtbehörden zueinander gefunden. Luftfahrtindustrie und Luftfahrtbehörden in Europa sprechen nicht mehr mit vielen Zungen. »Früher war's im Grunde manchmal eine Katastrophe«, erinnert sich Helmut Schrecker, der seit 1977 mit von der Partie ist. »Das alles ist heute viel besser geworden. Und damit natürlich effektiver.« Trotzdem gibt sich der Programmdirektor der Airbus Industrie in Toulouse keinen Illusionen hin: »Unser Geschäft wird nicht leichter. Flugzeuge zu verkaufen, wird immer schwieriger. Der Gebrauchtflugzeugmarkt ist zusammengebrochen, und neue Flugzeuge sind für die Banken keine Sicherheit mehr. Da hat sich in den letzten Jahren viel verändert. Umso mehr kommt es darauf an, daß sich alle Partner mit den selben Aufgaben und Zielen total identifizieren.« Für Helmut Schrecker ist das A & O der Airbus-Kooperation: »Die Integration aller Interessen. Weil uns das weitgehend gelungen ist, haben wir uns am Markt behauptet.« Symptomatisches Beispiel:Erstmals ist es der Airbus Industrie – mit dem Airbus A340 – im harten Verdrängungskampf um Marktanteile gelungen, der amerikanischen Konkurrenz einen wichtigen Kunden abspenstig zu machen. Daß jede Airline von allen Herstellern umworben wird, auch dann, wenn sie kein Geld hat, ist nicht neu. Und daß viele »totsichere« Verkäufe in letzter Stunde immer wie der geplatzt sind, weil die Konkurrenz noch besser agiert oder geschmiert hat, ist branchentypisch. Aber daß Kunde und Verkäufer, Airline und Hersteller gemeinsam ein Geschäft verkünden, das dann doch noch platzt, ist selbst in dieser Industrie nicht alltäglich. So geschehen mit und durch Singapore Airlines, mit Sicherheit Asiens, vielleicht sogar auch der Welt beste Fluggesellschaft. McDonnell Douglas hatte 1991 seinen neuen Trijet MD-11 der SIA verkauft. Doch dieses Langstreckenflugzeug, das in direkter Konkurrenz zum Jumbo der Boeing Company und zum Airbus A340 fliegt – Flug-

Programmchef Helmut Schrecker: "Die Erfahrungen vom Airbus A320 halfen uns entscheidend bei der A340"

zeugkonstrukteur und Technik-Experte Rolf Stüssel: »Das unglücklichste Flugzeug, das je gebaut worden ist« – erfüllte nicht die versprochenen Leistungsdaten. So geschah das Unerhörte: SIA schwenkte um, was auch Geld kostete, und entschied sich, statt dessen Airbus A340 zu bestellen. So froh und glücklich man in Toulouse über diesen Geschäfts- und vor allem Prestige-Erfolg ist, Singapore Airlines war der erste A340-Kunde, der auch bei den Europäern die Hand auf die Wunde legte und unmißverständlich erklärte: »Noch leistet der Airbus A340 2 Prozent weniger, als uns zugesagt worden ist.« Ein »MD-11-Effekt« also auch beim Airbus A340? Programmchef Helmut Schrecker räumte in einem Atemzug Probleme ein und prophezeite gleichzeitig, einmal versprochene Leistungen auch einzuhalten: »Es geht um die Payload range. Oder um 27 Tonnen auf der Strecke Singapur – Paris. Daß das in der ursprünglichen Auslegung gar nicht so vorgesehen war, spielt keine Rolle mehr, zumal die SIA davon ausgeht, daß auch bei unserem Langstrecken-Airbus die Leistung bei längerem Einsatz etwas nachläßt. Aber nach dem Stand der Dinge fehlt bei der Payload range eine halbe Tonne.« Nicht viel. Zu viel? Für Schrecker und seine Mitarbeiter ist das alles kein Problem: Bis 1996, wenn die SIA ihre ersten Langstrecken-Airbusse erhalten wird, soll der Airbus A340 ein maximales Abfluggewicht von 271 Tonnen und der Airbus A330 ein Maximalgewicht von 230 Tonnen haben. Helmut Schrecker: »Das wird eine anstrengende Arbeit, aber wir werden das erreichen. Vor allem über die Faktoren Aerodynamik und Treibstoffverbrauch.« Die übrigen Airlines werden es mit Genugtuung zur Kenntnis zu nehmen. Auch die Deutsche Lufthansa, die ebenfalls interessiert ist, mehr Fracht auf langen Strecken mitzunehmen, ohne daß allerdings bislang gegenüber den europäischen Flugzeugbauern förmlich definiert zu haben. Ein Mann wie Helmut Schrecker weiß natürlich, was die Glocke geschlagen hat: »Singapore Airlines nutzt die Situatuion aus und fordert Leistungen ein; bei SIA weiß man, daß wir alles tun werden, um nicht wieder rauszufliegen. Die SIA-Manager wiederum sagen sich: Wenn wir die MD-11 rausgeworfen haben, können wir bei der Konkurrenze eine heile Welt erwarten. Umgekehrt wissen

Singapore Airlines, die wirtschaftlich gesündeste Fluggesellschaft der Welt: Bestellte die vierstrahlige A340 und warf die dreistrahlige MD-11 raus

die Airbus-Bauer: Bei der Ablieferung eines ordentlichen Produktes kann es sich Singapore Airlines nicht erlauben, noch einmal zu »tauschen«. Programmchef Schrecker lächelt: »Es ist ganz interessant, mal einen anstrengenden Anfang vor sich zu haben.« Als ob die Bewältigung des Airbus A340/330-Programms nicht schon anstrengend genug gewesen ist.

Vor der Auslieferung in Toulouse - drei A330 Kurs Südostasien

Thai
F-WWKR
062

Udo Günzel, einer der Männer der ersten Stunde

Fliegen ist sein Leben. Udo Günzel stand immer in der ersten Reihe, wenn es um die Fliegerei ging. Aus der Leidenschaft des 15jährigen Maschinenschlosserlehrlings, der am 1. Mai 1955 in Oerlinghausen – in der britischen Besatzungszone war das Fliegen normalen Sterblichen gerade wieder erlaubt worden – als Segelflugeleve seine ersten zaghaften Schritte in den Himmel wagte, wurde eine Passion. Mit 18 Jahren war Udo Günzel Soldat, von 1960 bis 1961 wurde der gebürtige Breslauer – Jahrgang 1939 – in Amerika als Jagdbomberpilot ausgebildet. Bis 1965 war er dann, stationiert in Husum, Theodors Storms schöner »grauer Stadt am Meer«, am norddeutschen Himmel zu Hause, flog vor allem F 84 (»Thunderstreak«) und den italienischen Jagdbomber G 91 und wechselte 1965 vom Cockpit wieder auf die Schulbank. Von 1965 bis 1968 studierte der Jagdbomberpilot und -Fluglehrer – mit Unterstützung der deutschen Bundeswehr – in München Maschinenbau und Flugzeugbau. Udo Günzel, für den Fliegen längst Beruf und Berufung geworden war, blieb sich wieder selber treu: Udo Günzel gehört zu den Menschen, die rosten, wenn sie rasten, die sich`s zur Maxime gemacht haben, ihr ganzes Leben lang zu lernen. Wie es bei überzeugten und gewissenhaften Fliegern Brauch und Pflicht ist: Prüfung lebenslänglich. Der qualifizierte Ingenieur und Pilot Udo Günzel wurde 1968 von den Vereinigten Flugtechnischen Werken (VFW) in Bremen verpflichtet, die später in den großen deutschen Luftfahrtkonzern Messerschmitt-Bölkow-Blohm (MBB) überführt wurden und heute ein wichtiger Part der Daimler-Benz Aerospace Airbus sind, und besuchte 1970 – als einer von ganz wenigen ausgewählten deutschen Piloten – die berühmte Testpilotenschule im südfranzösischen Istres.

Udo Günzel ist der dienstälteste Testpilot der europäischen Airbus Industrie

Damit war der Weg des Schlesiers vorgezeichnet. Udo Günzel, der bis zum Absturz des ersten Prototyps des ersten Düsenverkehrsflugzeuges der Bundesrepublik Deutschland, der schon historischen VFW 614, am 1. Februar 1972 bei VFW an der Weser tätig war, ging 1973 nach Toulouse. Die europäische Airbus Industrie suchte geeignete Testpiloten, von denen es zwar in Frankreich und in Großbritannien ein paar Dutzend, in Deutschland aber bestenfalls ein gutes halbes Dutzend gab – und Udo Günzel war der richtige Mann. Bis heute. Udo Günzel, buchstäblich und wahrhaftig einer der »Männer der ersten Stunde«, gehört zum erfahrenen und weltweit geschätzten Testpiloten-Team der Airbus Industrie. Es waren immer nur wenige, die gut genug waren,.um akzeptiert zu werden. Vier oder fünf Franzosen, ein Däne, zwei Briten – Nick Warner war einer der markantesten und verdienstvollsten Briten im Team. Er gehörte zu den sieben Opfern beim so schrecklich verlaufenen Testflug des Airbus A330 am 30. Juni 1994 über dem Flugplatz von Toulouse – und ein paar Deutsche. Dr. Chris Krahe, der schon seit Jahren zum Verkaufsteam des multinationalen Konsortiums gehört, Bernd Schäfer, der so früh verstorbene Wahl-Hamburger »Charly« Nagel, der den ersten Airbus A321 in Finkenwerder beim Jungfernflug am 11. März 1993 führte, und natürlich Udo Günzel. Udo Günzel, der auf allen Flugplätzen rund um den Erdball zu Hause ist und der sich bei allen Airlines der Welt auskennt – Testpiloten der großen Flugzeughersteller sind »Mädchen für alles": Ingenieure, Verkäufer, Manager und selbstverständlich vor allem kundige und mit allen Wassern der Zunft gewaschene Piloten – gehört neben den beiden französischen Routiniers Bernard Ziegler, der längst ins höchste Management der Branche aufgestiegen ist, und Pierre Baud, dem blonden Kleiderschrank, die bei den berühmt gewordenen Erstflügen der Airbus Industrie in den vergangenen Jahren meist die verantwortlichen Kommandanten waren, zum engsten Kreis der »Alten«. Nur dieses Trio – Baud, heute Chef des Airbus-Ausbildungs- und Trainingszentrums Aeroformation, Günzel und Ziegler – ist seit über 20 Jahren dabei, hat die schwere Aufbauzeit der frühen 70er Jahre miterlebt – und den Höhenflug 20 Jahre später. Alle anderen Test- und Versuchspiloten stießen erst in den letzten zehn Jahren dazu.

Kein Wunder, daß ein Mann wie Udo Günzel nicht sonderlich begeistert war, als der Franzose Etienne Tarnowski als Chefpilot für den Erstflug des Airbus A330, des größten zweistrahligen Verkehrsflugzeuges, das bis dahin gebaut worden war, am 2. November 1992 ausgewählt wurde, obwohl ursprünglich in Toulouse so gut wie Einmütigkeit darüber geherrscht hatte, daß Udo Günzel als erster deutscher Testpilot – als Primus inter pares – diesen Airbus-Typ als verantwortlicher Kommandant in den Himmel bringen sollte. Udo Günzel war, um es mit einem Wort zu definieren, in diesem Augenblick traurig. Einfach traurig. Nicht mehr und nicht weniger. Aber er verhielt sich loyal. Gegenüber dem Unternehmen, dem er so viel verdankt und das ihm gleichfalls zu großem Dank verpflichtet ist, und gegenüber seinen Kollegen: »Ich habe Pierre Baud als dem verantwortlichen Mann für diese Entscheidung meine Meinung gesagt und auch erklärt, wie enttäuscht ich darüber war. Aber ich habe ihm auch gesagt: `Das ist Deine Entscheidung, Pierre. Ich akzeptiere sie.`« Da war Udo Günzel wieder ganz Soldat. Wie in jungen Jahren. Diszipliniert, kollegial und loyal. Wenigstens dieser Kompromiß wurde schließlich im französischen Airbus-Mekka Toulouse geschlossen: Etienne Tarnowski und Udo Günzel fungierten als Engineering Test Pilots, Etienne Tarnowski allerdings als verantwortlicher Kommandant. Vervollständigt wurde die Erstflugbesatzung beim fünf Stunden und 15 Minuten (!) langen Jungfernflug durch die Flugtestingenieure Jacky Joyce und Gilles Robert sowie durch den deutschen Flugingenieur Alfred Pasenau. Es war ein Erstflug wie aus dem Bilderbuch. Und Udo Günzel war es, der nach dem extrem langen Jungfernflug mit einer für ihn ungewöhnlichen fast überschwenglichen Begeisterung feststellte: »Ich glaube, die A330 wird mein Lieblingsflugzeug. Sie verfügt sowohl über die Power eines zweistrahligen Flugzeuges als auch über den Flugkomfort eines Großraumflugzeuges.« Da wurde Udo Günzel ein wenig seiner »alten Liebe«, dem Airbus A310, untreu, der bislang sein »Lieblingsflugzeug« gewesen war. Udo Günzel hat es in seiner langen fliegerischen Laufbahn auf weit über 11 000 Flugstunden gebracht. » 2 000 waren militärisch, alles andere zivil.« Und dann ergänzt er lächelnd: »Dazu kommen rund 35 Stunden im Segelflugzeug.« Seine wichtigste Rolle hat Udo Günzel letztlich

allerdings doch im A320-Programm gespielt. Da führte der Vater von zwei Söhnen und stolze Großvater einer bildhübschen deutsch-französischen Enkeltochter den Arbeitskreis der zehn Launching Customer für diesen zweistrahligen Jet. »Diese Arbeit war außergewöhnlich anstrengend, interessant und erfolgreich«, erzählt Udo Günzel. Die enge Kooperation mit den Fluggesellschaften, die sich frühzeitig für Europas meist verkauften Jet entschieden hatten und auf vielseitige Art halfen, diesen »Kleinen Airbus » zu perfektionieren und ihm über die schwierigen »Kinderkrankheiten« hinweg zu helfen, wurde symbolisch für die Koordinierungsfähigkeit der europäischenFlugzeugbauer. Udo Günzel, der entscheidenden Einfluß auf die Gestaltung des modernen A320-Cockpits nehmen konnte, steht selbstredend auch mit gut 1 000 Flugstunden im »Kleinen Airbus« zu Buche.

Und am 25. August 1995 erlebte auch Udo Günzel – verdientermaßen – die Sternstunde seiner Laufbahn. Der zweifache Großvater, inzwischen zuständiger Testpilot im deutschen Endmontagezentrum Hamburg-Finkenwerder, war verantwortlicher Kommandant beim 3:50 Stunden langen Jungfernflug des »Kleinen Airbus« A319, der in die Luftfahrtgeschichte eingehen wird: Wahrscheinlich

Etienne Tarnowski und Udo Günzel, die bewährte Crew beim Jungfernflug des Airbus A330

war es – weltweit – der letzte Erstflug eines neuen Düsenverkehrsflugzeuges in diesem Jahrhundert. Zufrieden stand Udo Günzel, der »Mann der ersten Stunde«, nach diesem Jungfernflug über Norddeutschland und die Nordsee Rede und Antwort: »Ein Flug ohne alle Probleme. Aufgrund der großen Kommunalität und Ähnlichkeit mit den anderen Mitgliedern unserer Flugzeugfamilie mit elektrischer Flugsteuerung war uns das neue Flugzeug sofort äußerst vertraut und bequem zu fliegen.«
Der leidenschaftliche Golfspieler Günzel – »Leider nur Handicap 17« – gehört zu den Männern, die mit ihrem Engagement, ihrer Erfahrung und vor allem ihrer Kooperationsfähigkeit erheblich dazu beigetragen haben, daß die vereinheitliche Zulassung moderner Verkehrsflugzeuge in Europa Wirklichkeit wurde. Im Ernst: West- und Mitteleuropa wuchsen in der Industriewelt zwischen Himmel und Erde längst kontinuierlich zusammen, aber die Zulassung neuer Jets wurde noch jahrelang nach unterschiedlichsten nationalen Richtlinien durchgeführt. In Frankreich, in Deutschland, in Großbritannien. Das war nicht nur umständlich und zeitraubend, sondern vor allem auch teuer. »Unsere vielen und langen Gespräche und Verhandlungen mit den Behörden haben auf die Dauer gefruchtet«, stellt Udo Günzel heute mit Befriedigung fest. »Wir sind jetzt – endlich – auf dem richtigen Wege. Das wurde schon deshalb notwendig, damit Europa mit einer Stimme in unserer Industrie sprechen kann. Das ist auch wichtig für unser Verhältnis zu Amerika.« Deshalb ist es für Günzel und seinesgleichen auch nicht weiter tragisch, selbst wenn ein paar verklemmte Deutsche das anders sehen mögen, daß die Zulassungsflüge für die neuen Airbusse A321 und A319, deren Endmontagelinie in Hamburg-Finkenwerder aufgebaut wurde, auch in Frankreich stattgefunden haben: »Alles andere wäre doch viel zu umständlich gewesen. Außerdem ist es besser – und billiger. In Frankreich nehmen die Behörden kontinuierlich am Testprogramm statt; normalerweise fliegen sogar ein oder zwei Piloten bei uns mit, die uns von den französischen Behörden zugeteilt werden. Es gab doch beim Luftfahrtbundesamt in Braunschweig jahrelang gar keinen Piloten, der `nachfliegen` kann.« Das allerdings ist auch ein – symptomatisches – Eingeständnis: So weit ist`s mit dem vielzitierten und oft beschworenen »Fliegerland« Deutschland gar nicht her, auch wenn das manche Politiker ganz anders sehen oder wenigstens anders formulieren...

25. August 1995: Der zweistrahlige Airbus A319 startet zum 3:50 Stunden langen Erstflug in Hamburg-Finkenwerder

Der gebürtige Schlesier und gelernte Fluglehrer Udo Günzel ist – wie all die anderen erfahrenen Testpiloten dieser Industrie – immer auch ein Berater der Verkäufer. Seine Maxime: Absolute Ehrlichkeit: »Es zahlt sich in unserer Branche Industrie immer.aus, unbedingt ehrlich zu sein, auf die `Macken`, die jedes Flugzeug hat, vor allem in den Anfangs- und Erprobungsphasen, freimütig hinzuweisen. Die Kunden, die zu uns kommen, sind doch nicht doof. Sie bringen erfahrene Ingenieure und Piloten mit, oft ihre besten Leute. Und im Grunde sind die Airlines alle sehr dankbar, wenn wir ihnen von vornherein alle Probleme auf den Tisch legen.« Udo Günzel lächelt: »Wir können viel ehrlicher sein als die Verkäufer.« Daß manche Kunden schwierig und manche pflegeleicht sind, wissen alle Verkäufer und Testpiloten. Und Udo Günzel erinnert sich mit Schmunzeln vergangener Jahre: »Die schönsten Verhandlungen hatten wir oft mit den Japanern. Das hat viel Spaß gemacht, die wußten so viel und wollten noch viel mehr wissen. Dabei wußten wir, daß die am Ende doch nicht kaufen. Bei Japan geht`s beim Flugzeugverkauf auch immer um den Ausgleich der Handelsbilanz mit Amerika. Das muß man einfach wissen. Am Tag, als ich mit dem Chef der Operation der ANA gemeinsam beim Abendessen saß, hatten die Japaner gerade wieder Jumbos von Boeing en masse bestellt. Schicksal.« Udo Günzels später Trost: All Nippon Airways, die eine der größten Boeing-747- und Boeing-767-Flotten der Welt unterhält, steht in den Airbus-Auftragsbüchern längst auch mit 20 A320 und fünf A340 verbucht, von denen die meisten schon ausgeliefert sind. So ändern sich die Zeiten.

Günzel & Co wissen: »Unser Geschäft geht über Generationen. Und dabei sind wir gerade mal 25 Jahre alt. Noch nicht einmal eine ganze Generation. Und immer gilt für uns, aber auch für Boeing und McDonnell Douglas: Dein Produkt muß wenigstens genauso gut sein wie das der Konkurrenz. Sonst hast Du keine Chancen. Denn die allerletzte Selektion findet doch nicht auf der technischen Seite statt. Da entscheiden oft handelspolitische Einflüsse, persönliche Kontakte und vieles andere mehr. Nicht nur Reichweiten und Volumen.« Udo Günzel erinnert sich einer Episode vor weit über 15 Jahren. Da trat der inzwischen schwer angeschlagene amerikanische Riese TWA in Toulouse auf. Und Roger Beteille, »Monsieur Airbus«, Frankreichs verdienstvoller, dynamischer und weitsichtiger Airbus-Manager, prägte dem Deutschen Udo Günzel ein: »Sei nett zu ihnen, verhandele mit viel Geduld. Aber: Kaufen werden die sowieso nicht.« 15 Jahre später war TWA auch Airbus-Kunde.

Schon so manches Mal hat sich der deutsche Testpilot Günzel fragen lassen müssen, ob sein Beruf nicht mit außergewöhnlichen Risiken verbunden sei. Fliegen auf der Grenzlinie zwischen überschaubaren Tests und nicht mehr zu kalkulierendem Risiko? Ein gewisses Restrisiko bleibt immer, auch wenn es von Jahr zu Jahr kleiner geworden ist, weil Computer und Simulatoren ständig besser werden. »Wir sind es doch gewohnt, neue Flugzeuge zu erproben«, erzählt Udo Günzel, »und ehe wir zum ersten Mal mit einem ganz neuen Jet starten, kennen wir diesen Typ schon vom Simulator bis in die letzten Details. Diese Technik hat heute einen Standard, der den Unterschied zwischen Flugzeug und Simulator immer mehr verringert.« Am kritischsten seien gewöhnlich, so Udo Günzel, die ersten 15 bis 20 Flüge mit gänzlich neuen Typen. Und nach wie vor haben eigentlich alle Testpiloten höllischen Respekt vor den gefährlichen Flattererscheinungen, wenn starke aerodynamische Kräfte kritische Resonanzschwingungen heraufbeschwören, die zum Desaster führen können. Der Absturz der VFW 614 über dem Bremer Flughafen anno 1972 beispielsweise war auf Flattererscheinungen zurückzuführen. Elastizität ist unabdingbar und wichtig für die Sicherheit, aber die Flügel dürfen nur so stark schwingen, daß keine Schäden auftreten. Da leisten heutzutage Simulatoren und Computer lebens- und materialsichernde Vorarbeiten, wie es noch vor zwei Jahrzehnten unvorstellbar war. »Wir fliegen«, bekannte Udo Günzel einmal in den VDI-Nachrichten mit imponierender Deutlichkeit, »immer an Extrem punkten, bewegen uns ständig am Limit, um das ganze Leistungsspektrum eines Flugzeuges auszuprobieren. Aber die Stechflüge senkrecht zum Boden, das ist schon das Salz an der Suppe.« Ein Bekenntnis, das manchen Ingenieur und Konstrukteur etwas erschauern läßt. Nichtsdestotrotz spricht alles dafür, daß es Udo Günzel genauso ergehen wird wie so gut wie allen Berufspiloten Testflieger eingeschlossen: Auch Flieger sterben, wie eigentlich die meisten Menschen, im Bett. Denn der gefährlichste Part der Fliegerei bleibt – auch in Toulouse, Hamburg-Finkenwerder oder Seattle – die Fahrt mit dem Auto zum Flughafen.

Trotzdem: Auch ein so engagierter Mann wie Udo Günzel hat Momente in seinem beruflichen Leben erfahren, über die er selbst noch heute mit einer gewissen Fassungslosigkeit staunt. Mitte der 70er Jahre war`s, bei einem Vorführungsflug für Hapag-Lloyd. »Bei V 1 (Entscheidungsgeschwindigkeit, bei der entschieden werden muß, ob der Start abzubrechen oder fortzusetzen ist) knallt mir bei einem Airbus A300-B4 das rechte Triebwerk weg; wir verloren eine Schaufel, die dann den ganzen

Rest buchstäblich `ausräumte'. Wir brechen den Start ab, rollen zurück.« Udo Günzel erinnert sich mit leicht diabolischem Grinsen: »Und der Hapag-Lloyd-Operationschef fragt mich: `Warum haben wir abgebrochen?`« 50 Flugstunden später »explodierte« dasselbe Triebwerk ausgerechnet bei einem simulierten Triebwerksausfall des anderen Motors – Günzel: »Ich weiß bis heute nicht, ob dieses Triebwerk neue Schaufeln von General Electric erhalten hatte oder nur repariert worden war« – bei einer Demonstration für die brasilianische VASP wieder. »Und das in gut fünf Metern Höhe über dem Boden!« Udo Günzel reagierte blitzschnell, aktivierte das heile Triebwerk – derweil schob das demolierte Triebwerk immerhin noch mit 1500 bis 2000 Umdrehungen – und flog mit einem hundert Meter langen Feuerstrahl („Zwei- bis dreimal so lang wie das Flugzeug und das Gras auf dem Platz war verbrannt") zurück. Die Landung klappte, die Schaufeln der siebten Kompressionsstufe waren wieder `rausgeflogen, das Triebwerk endgültig hin, der Schaden riesig und der Streit mit den Versicherungen endlos. »Es waren die beiden einzigen Triebwerksausfälle, die ich in Toulouse in meiner langen Laufbahn im Training erlebt habe. Im Grunde ein Ding der Unmöglichkeit. Und beide Male bei mir. Eigentlich war das nur theoretisch möglich – oder im Simulator.« Die Reaktion einiger Kollegen Testpiloten aber war verblüffend. Sie waren stocksauer – und neidisch: Udo Günzel hatte zweimal Gelegenheit gehabt zu beweisen, was er im Ernstfall wirklich kann – die meisten Piloten erleben dergleichen nie in ihrem ganzen Fliegerdasein.

Udo Günzel, der auch schon einmal den »Donnervogel« Concorde fliegen durfte – »Ein wunderschönes Flugzeug, es fliegt sich fast wie ein Fighter. Aber man muß sich doch gründlich umstellen, schon wegen der ganz anderen Steigwinkel« – hat in seiner langen Laufbahn immer an die Zukunft dieser Industrie in Europa geglaubt, obwohl es immer wieder Jahre gab, in denen die deutschen, britischen und französischen Testpiloten von ihren oft besser dotierten Kollegen in den großen Fluggesellschaften nur bedauert wurden. Doch schon am 16. Januar 1984 erklärte Udo Günzel in einem Gespräch mit der Deutschen Presse-Agentur (dpa) in Hamburg mit entwaffnender Offenheit: »Im Grunde waren wir immer optimistisch, glaubten wir immer felsenfest daran, daß unsere Flugzeuge eine Zukunft haben würden. Wir hofften nicht nur, wir wußten wirklich, daß wir an einem guten Produkt arbeiteten. Dafür verstanden wir auch zu viel von der Materie. Wir wußten – auch in den schlimmen Jahren 1975 und 1976, als viele `Experten` uns prophezeiten, wir würden morgen arbeitslos sein – daß sich der Airbus eines Tages durchsetzen würde.« Die Airbus Industrie schreibt inzwischen Schwarze Zahlen.

Der Kranich hat Startschwierigkeiten

Der Gigant kostet rund 120 Millionen Dollar und gilt als Wegbereiter einer neuen Generation von Verkehrsflugzeugen. Der vier Stunden und 47 Minuten lange Erstflug des ersten Airbus A340 am 25. Oktober 1991 mit Pierre Baud als verantwortlichem Kommandanten, dem 1994 tödlich verunglückten britischen Testpiloten Nick Warner, Gerard Guyot als dem Leiter des Flugversuchs und den beiden Flugversuchsingenieuren Jürgen Hammer und Jean-Marie Mathios markierte einen Meilenstein im europäischen Flugzeugbau: Der »Große Europäer« ist das Verkehrsflugzeug mit der größten Reichweite und vervollständigt die Airbus-Familie. »Mit der A340 wollten wir ein Flugzeug auf den Markt bringen, das sich so leicht fliegen läßt wie die A320 und mit dem wir ohne Zwischenlandung fast um die halbe Welt fliegen können«, erklärte der Airbus-Vizepräsident für die Flight Division. Der sachlichen Aussage Pierre Bauds folgten melodramische Töne: »Trotz ihrer Größe läßt sich die A340 aufgrund der gemeinsamen Cockpitauslegung und der elektrischen Fly-by-wire-Flugsteuerung so leicht und präzise wie die A320 fliegen. Die A340 besitzt sowohl die Kraft und Ausdauer eines Vollblutrennpferdes als auch die Anmut und Beweglichkeit eines Vogels.« In Biologie hat Pierre Baud, es sei ihm verziehen, mit Sicherheit nicht recht aufgepaßt: Viele extrem leistungsfähigen Vögel sind, nach menschlichem

Empfinden, potthäßlich und das kräftigste Vollblutrennpferd hat nur eine sehr beschränkte Ausdauer. Es wäre schlimm um den Airbus A340 bestellt, wenn seine Ausdauer ernsthaft mit der eines Vollblüters verglichen werden würde. Richtig ist natürlich: Der erste europäische Lanstreckenjet hat normalerweise eine Reichweite von über 14400 Kilometern. Seine auf der Basis des CFM56-5-Modells entwickelten vier CFM56-5C2-Triebwerke – ein gemeinsames Produkt des französischen Triebwerksherstellers SNECMA und des amerikanischen Marktführers General Electric – brachten anfangs eine Schubleistung von 139 kN (31 200 lbs) und werden sich noch auf 144 kN (32 500 lbs) erhöhen – so versprechen es die CFM-International-Techniker. Langfristig sollen diese Triebwerke – das gilt vor allem für die ab 1995 fliegenden und dann schon weiter entwickelten A340 – sogar (als CFM56-5C4) eine Schubkraft von 151 kN (34 000 lbs) haben. Kühne Prognosen, die allerdings der Kundschaft vertraglich zugesichert sind. Wobei angemerkt werden muß: Die etwas schwächeren Versionen CFM56-5A und CFM56-5B finden im »kleinen Airbus« Airbus 320 und 321 gute Verwendung.
Dieser »Große Europäer« hat zwar de facto ein Dutzend Launching Customer gehabt – Launching Customer sind Airlines, die auf die Entwicklung eines neuen Flugzeuges erheblichen Einfluß nehmen, entscheidend zum Go ahead neuer Jets beitragen, im Resultat aber auch oft und verdientermaßen erhebliche finanzielle Vorteile als Erstbesteller genießen – die wichtigste Rolle bei der Entwicklung und Konstruktion dieses Jets aber hat unbestritten die Deutsche Lufthansa gespielt. Wäre es nach den Vorstellungen der Lufthanseaten gegangen, so wäre der Airbus A340 noch vor dem »Kleinen Airbus« A320 auf den Markt gebracht worden. Schon Anfang 1980 forderte die deutsche Fluggesellschaft die Entwicklung »eines kleineren Komplementärmusters« zur Boeing-747.
Gefragt wurde damals von den Airlines ein Langstreckenjet mit einer Kapazität von rund 200 Sitzen, der die Marktlücke schließen sollte, die durch die Ausmusterung der vierstrahligen Boeing-707 entstanden war und durch das sich abzeichnende Ende der DC-10-Ära – entgegen allen Prognosen ist die DC-10 noch immer weltweit bei vielen renommierten Gesellschaften im Einsatz – größer zu werden drohte. Und außerdem – daran dachten alle Kaufleute vor allem der europäischen Kundschaft – war nichts notweniger als ernsthafte Konkurrenzangebote gegenüber dem Monopolisten Boeing, der mit seinen Jumbos die Preise diktierte, wie er wollte – und im Grunde auch heute noch diktiert. Trotz Airbus A340 und MD-11.
Für die deutsche Lufthansa jedenfalls, die zum engagierten Vorreiter geworden war, boten sich seinerzeit drei Alternativen an: Die spezialisierte Boeing-747-ASB mit 244 Sitzen, die aus der DC-10 zu entwickelnde MD-11ER (Extended Range) mit ihrer deutlich verbesserten Reichweite und der Airbus A340, der aus dem Projekt A300 B11 abgeleitet und einst unter dem Begriff TA11 definiert worden war. Der kleine weit tragende Jumbo hatte, das wurde schnell begriffen, viel zu hohe Betriebskosten. So dachten eigentlich alle, nicht nur die Deutschen, die allerdings als erste exakte Preis-Leistungs-Berechnungen erstellt hatten. Damit war aus dem Dreikampf ganz schnell ein Duell geworden: McDonnell Douglas contra Airbus. Konventionelle Weiterentwicklung aus einem bewährten Großraumflugzeug contra modernste Technologie, Kalifornien contra Europa.
Daß das Procedere über die Entwicklung und den Bau des Airbus A340 und seiner Zwillingsschwester A330 de facto acht Jahre lang dauerte, daß Hersteller und Airlines praktisch bis 1988 brauchten, ehe sie sich über das »richtige Flugzeug« einig wurden, mutet heutzutage schier unvorstellbar an. Doch es ist die nackte Wahrheit. Aber auch das muß gesagt werden: Die Fluggesellschaften glaubten in der kritischen Phase der frühen 80er Jahre fast noch mehr an dieses neue Flugzeug als die Hersteller selbst. Als die Lufthansa-Ingenieure in Toulouse mit Leidenschaft für die TA11 – so hieß das künftige Modell damals noch – kämpften, stellte Roger Beteille, der verdienstvolle langjährige Airbus-Generaldirektor, dem wie keinem anderen Europäer der Durchbruch der Airbus Industrie auf dem Weltmarkt zuzuschreiben und zu verdanken ist, die Weichen für die A320.
Das Wort des kleinen, unscheinbar wirkenden, meist im Hintergrund auftretenden Franzosen hatte mehr Gewicht, die Lufthansa hatte das Nachsehen. »Monsieur Airbus« hatte – im Nachhinein muß das bestätigt werden – die richtige Entscheidung getroffen, auch wenn die Lufthanseaten murrten,

mit der angesehenen Swissair ein guter Kunde an McDonnell Douglas verloren ging – und der Autor eine Kiste Champagner an den Präsidenten des Luftfahrt-Presse- Clubs verlor. Bei dem monatelangen Tauziehen zwischen McDonnell Douglas und der Airbus Industrie um die allseits als erfahrener Trendsetter sehr geschätzte Swissair entschieden sich die Eidgenosssen letzlich doch für die MD-11 – nicht zuletzt deshalb, weil sie viel früher auf den Markt kam als der vierstrahlige Airbus – womit Peter Pletschacher der bessere Prophet gewesen war und seinen Champagner gewonnen hatte – der Autor mußte sein Vertrauen in den Airbus A340 teuer büßen ... Inzwischen hat sich der Wind längst gedreht – und besonders glücklich ist die Swissair mit dem dreistrahligen Jet aus Long Beach nicht. Immerhin stehen als feste A340/330-Kunden so renommierte

Die Deutsche Lufthansa kämpfte engagiert um "ihren" vierstrahligen Airbus A340

Airlines in den Papieren wie die Deutsche Lufthansa, Air France, All Nippon Airways, Cathay Pacific, Air Canada, Garuda, Malaysia Airlines, Northwest Airlines, China Eastern und Singapore Airlines. Diese angesehene asiatische Fluggesellschaft, wiederholt als beste Airline der Welt ausgezeich-

net, brachte sogar das schlagzeilenträchtige Kunststück fertig, kurzfristig eine MD-11-Order bei McDonnell Douglas zurückzugeben und stattdessen 14 A340 zu ordern. Es war der bislang größte Prestigeverlust für die kalifornischen Flugzeugbauer – umgekehrt herrschte Hochstimmung in Toulouse.
Die Airbus-Konstrukteure und -Ingenieure haben den A340 als ein Gerät konzipiert, das den letzten Stand der Luftfahrttechnik repräsentiert. Die je nach Version 59,4 oder 63,7 m langen, für 230 bis 295 Passagiere und mit einer Spannweite von 58,6 Metern ausgelegten vierstrahligen Jets basieren auf der Technologie des Erfolgsmodells A320: Hervorzuheben sind nicht nur die computergesteuerte elektrische Steuerung (fly-by-wire) oder die aus kohlefaserverstärkten Kunststoffen gefertigten Seiten- und Höhenleitwerke,

Auch der "Kleine Airbus" A320 wurde zum festen Bestandteil der Lufthansa-Flotte

sondern auch das integrierte Satelliten-Kommunikationssystem, ein hochmoderner Navigations- und Flugdatenrechner sowie das seit 1993 in den USA vorgeschriebene Kollisions-Warnsystem (TCAS), über das allerdings die Meinungen bei Piloten, Flugsicherungsexperten und Ingenieuren noch weit auseinandergehen. Da der Airbus A340 – wie übrigens auch die neuen Langstrecken-Boeing-747-400 – nur noch ein Zwei-Mann-Cockpit hat, muß auf den langen Strecken immer eine zweite Crew mitfliegen. Für diese gibt es einen besonderen Ruheraum, woran die Betreiber, d. h. die Fluggesellschaften eher gedacht und die Hersteller erst zu Entwicklungen dieser Art animiert hatten. Denn dieser »Große Europäer« – ein Name, der der Konkurrenz in Übersee gar nicht sympathisch klingt – kann problemlos Strecken wie Frankfurt – Buenos Aires, München – Djakarta oder Wien – Seoul ohne Zwischenlandung bewältigen.

Der große Airbus ist das am vielseitigsten verwendbare Produkt der europäischen Flugzeugindustrie. Wie die meisten großen Jets wird er auch als Combi-Frachter eingesetzt werden können. Darüber hinaus sind militärische Versionen als Truppentransporter oder Tankflugzeug angedacht. Langfristig ist dieser Jet – vor allem in Frankreich – auch als Nachfolgemuster für das militärische Transport- und Versorgungsflugzeug Transall im Gespräch. Schließlich gibt es auch schon eine Version für extrem lange Distanzen: Der erste Airbus A340-200, der eines Tages eine Reichweite bis zu 15 725 Kilometern haben kann – in einer Spezialausführung mit 130 Schlafsitzen für sehr betuchte Passagiere? – hatte am 1. April 1992 seinen 5 Stunden und 15 Minuten langen Erstflug absolviert.

Der vierstrahlige europäische Airbus ist, immer im Zusammenhang mit seiner »Zwillingsschwester« A330 ge ehen, das ideale Flugzeug schlechthin. Das Familienkonzept A330/340 ist wahrscheinlich der größte Wurf, der Flugzeugkonstrukteuren in den letzten Jahrzehnten gelungen ist. Am Anfang stehen natürlich auch handfeste praktische Vorteile für die Hersteller: Der Fertigungsablauf wird radikal erleichtert und der Kostenfaktor erheblich reduziert. Doch die entscheidenden Vorteile genießen die Airlines: Der vierstrahlige Ultra-Langstreckenflieger A340 ist weitgehend identisch – Flügel, Rumpf, Heck und Cockpit sind gleich – mit dem zweistrahligen Großraumflugzeug A330, das vorrangig im immer mehr überlasteten Mittelstreckenbereich und auf den kurzen Interkontinentalflügen, beispielsweise Frankfurt – New York, die beste Lösung darstellt. Im Grunde besteht der einzige, allerdings wesentliche Unterschied – von den triebwerksbedingten Systemen natürlich abgesehen – in der Zahl der Triebwerke: Beim Airbus A330 mit zwei Triebwerken werden die Flügel weniger entlastet.

Der Vorteil des "Familien-Konzepts" A330/340 reicht bis in die Kabine: Die Personal-Ausbildung konnte vereinheitlicht werden

Dieses »geniale Konzept – so der deutsche Flugzeugkonstrukteur Rolf Stüssel – bietet den Fluggesellschaften ein Reichweitenspektrum, das mit keinem anderen Jet zu erreichen ist. Die Vorteile liegen auf der Hand: übereinstimmende Wartungsmechanismen, einheitliche Ersatzteilbeschaffung und -lagerung und eine starke Vereinfachung der Ausbildung von Cockpit- und Kabinenpersonal.

Warum die Airbus Industrie sich trotzdem noch für zwei im Ende dennoch unterschiedliche Flugzeuge entschieden hat, liegt auf der

Hand: Zweistrahlige Jets sind nach allgemeiner Erkennntnis nur bei Distanzen bis zu etwa 5000 Nautischen Meilen wirtschaftlich zu operieren. Ein zweistrahliger Jet mit der Reichweite einer A340 aber würde etwa ein Drittel mehr Schub benötigen und damit um rund 15 Prozent höhere Betriebskosten verursachen. Bei den Ultra-Langstreckenflugzeugen wirken die äußeren Triebwerke der Durchbiegung der relativ schlanken Airbus-Tragflächen entgegen, d. h. die Belastung des Flügels ist etwa 20 Prozent niedriger als bei zwei Motoren. Mit anderen Worten: Bei gleicher Auslegung vertragen die Flügel bei vier Triebwerken ein höheres Startgewicht, was im Endergebnis mehr Nutzlast oder größere Reichweite bedeutet.

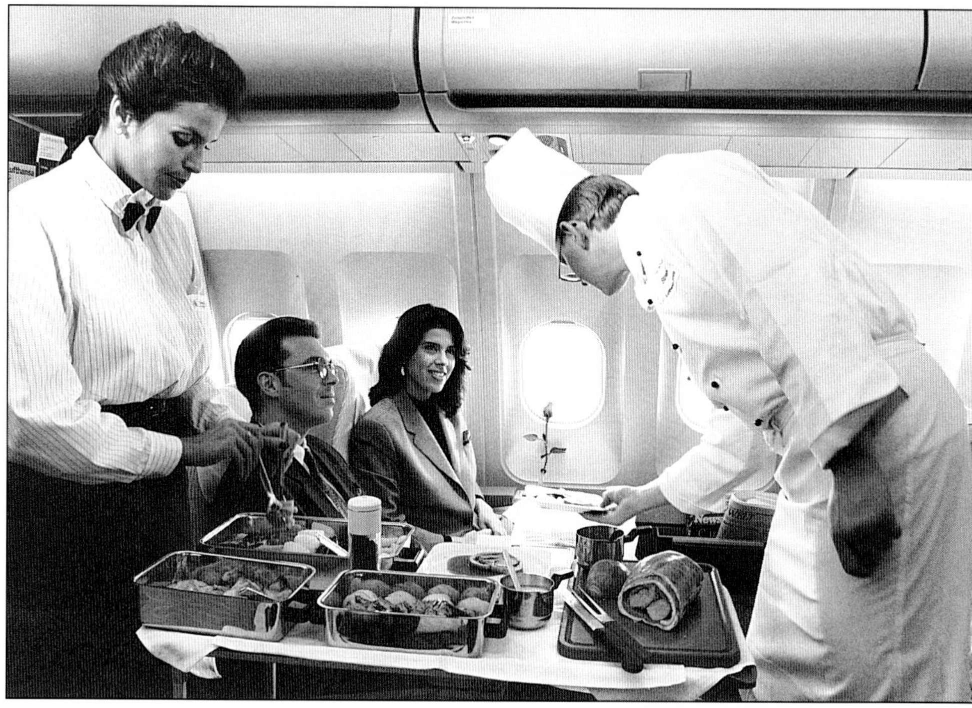

Mit Nachdruck hat Stuart Iddles, der langjährige Verkaufs-Vizepräsident der Airbus Industrie, anläßlich der Middle East Aviation Conference schon Anfang November 1991 in Dubai noch einmal die Motivation der europäischen Flugzeugbauer hervorgehoben, den Airbus A330 als gleichwertige Komponente zur A340 zu entwickeln: »Für eine Bemessungssreichweite von 7000 Nautischen Meilen hat ein zweistrahliges Flugzeug einen Kostennachteil von 13 Prozent. Deshalb bauen wir dieses Flugzeug in zwei Versionen.« Also: Der »Große Europäer« ist der Jet für die Flüge nach Los Angeles und Rio de Janeiro und seine zweistrahlige Version fliegt nach New York und Washington – oder von Los Angeles nach New York. Iddles: »Mit diesen beiden Produkten decken wir den Bedarf im Mittel- und Langstreckenbereich ab und geben unseren Kunden die Möglichkeit, ihren jeweiligen Anforderungen an Streckenkombinationen mittel/lang, lang/mittel, mittel/kurz oder kurz/lang äußerst wirtschaftlich gerecht zu werden.«

Daß die Boeing-Ingenieure natürlich auch längst zu ähnlichen Erkenntnissen gekommen sind, ist in Toulouse nicht unbekannt geblieben. Im Ergebnis dieses Wissens kann die neue zweistrahlige Boeing-777-200 sogar – dank des phänomenalen Bypass-Verhältnisses von etwa 9:1 – wahrscheinlich sogar gut 6 000 Nautische Meilen weit wirtschaftlich fliegen.

Inzwischen hat es allerdings auch schon in Long Beach »eingeschlagen“: Ernsthaft wird bei den kalifornischen Flugzeugbauern darüber diskutiert, das ursprünglich dreistrahlig konzipierte Nachfolge-Muster MD-12 als vierstrahligen Langstreckenjet zu entwickeln und damit mit der eigenen Vergangenheit radikal zu brechen. Ob das allerdings McDonnell Douglas –

Eine nordamerikanische Touristik-Studie ergab: Vielflieger gaben dem Airbus die höchsten Noten

allein oder im Verbund mit Partnern – finanziell überhaupt verkraften kann, steht auf einem ganz anderen Blatt. Und ist im Grunde leicht utopische Zukunftsmusik.

Der Airbus A340/330 repräsentiert unbestritten eine neue Generation von Flugzeugen, ist – alles ist relativ – eine Art Musterknabe in punkto Umweltschutz und verbraucht deutlich weniger Treibstoff als alle anderen bislang existenten Großraum- und Langstreckenflugzeuge. Lufthanseaten haben das recht plastisch nachgerechnet: Eine A340 verbraucht etwa ein Drittel weniger Kerosin als eine DC-10-30, die ebenfalls von der Lufthansa geflogen wurde. Das sind – umgerechnet – rund 120 000 Tonnen Treibstoff Erspar-

nis pro Jahr, was dem Jahres-Ölverbrauch einer Großstadt von rund 100 000 Einwohnern entspricht. Auf einem Flug von München nach Chicago verbraucht eine vollbesetzte A340-200 etwa 54 Tonnen Kerosin; eine DC-10-30 würde für die gleiche Anzahl von Passagieren auf dieser Strecke 74 Tonnen Kerosin benötigen. Dazu kommt der wesentlich günstigere Wirkungsgrad der modernen CFM56-5C2-Triebwerke: Die Emission unverbrannter Kohlenwasserstoffe liegt bei einer A340 um 88 Prozent unter dem Ausstoß ihrer Vorgängerin. Der Ausstoß von Stickoxyden, die nach neuesten Erkenntnissen in den üblichen Reiseflughöhen von 12 000 Metern zur Entstehung von Ozon beitragen, sinkt um rund 40 Prozent, und der von Kohlenmonoxyd um 60 Prozent. Es gibt auch eine andere sehr prägnante Formel: Die Schadstoffwerte in den Abgasen der CFM56-5C2-Triebwerke sind pro Liter Treibstoff heutzutage bereits niedriger als bei einem PKW mit Drei-Wege-Katalysator.
Heute ist das Lob über den Airbus A340/330 fast einhellig. Für die an der Entwicklung und Herstellung beteiligten Unternehmen scheint er eine sichere Bank bis weit ins nächste Jahrhundert hinein zu sein. Nichtsdestotrotz hat es unglaublich lange gedauert, bis sich Hersteller und Kunden, allen voran die Lufthansa als wichtigster Launching Customer, über die notwendigen Details der Fertigung und der Standards einig werden konnten. Und noch immer scheint es gewisse Leistungsdefizite zu geben, die allerdings niemanden mehr beunruhigen und sicherlich nicht mit dem »MD-11-Effekt« – mangelnde Reichweite und Kapazität – verglichen werden können. Und die selbst von den Fluggesellschaften schon mit Nachdruck heruntergespielt werden.
Doch es steht außer Zweifel: Es gab eine Phase, da drohte der schon im Vorhinein vielgerühmte Langstrecken-Airbus vorzeitig zu »sterben«. Voll und ganz hatten viele Europäer auf das von dem internationalen Triebwerks-Konsortium IAE (International Aero Engines) – Pratt & Whitney, Rolls Royce, Fiat Avio, MTU und das japanische Konsortium JAEC – noch Anfang 1987 vollmundig propagierte Superfan-Triebwerk gesetzt – und ausgerechnet Lufthansa-Technikchef Reinhardt Abraham hängte sich guten und festen Glaubens damals genauso weit zum Fenster heraus wie die Airbus-Manager.
Doch schon wenige Monate später kam aus East Hartford im US-Bundesstaat Connecticut die Hiobsbotschaft: Pratt & Whitney hatte zu viel versprochen, das Superfan-Triebwerk, im Grunde eine deutlich leistungsfähigere Version des bewährten V 2500-Triebwerks, konnte nicht realisiert werden. Abraham & Co, die die fast flehentlichen Warnungen aus den eigenen Reihen – Rolf Stüssel („Ich habe immer größte Skepsis geäußert“) mußte sich vom damaligen Lufthansa-Vorstandsvorsitzenden Heinz Ruhnau sogar knurrend androhen lassen: »Noch ein Wort zu dem Thema und ich bin nicht mehr Ihr Chef« – nicht ernst genommen hatten, sahen sich blamiert. Viel schlimmer traf es die Airbus Industrie: Der Langstrecken-Jet geriet ins Trudeln. Der Ärger war auf allen Seiten groß. Im Grunde hatten nur General Electric und SNECMA Grund zum (stillen) Jubel: Ihr mit Hilfe des Airbus-Familienprogramms erfolgter Wiederaufstieg zu alter Größe stand vor einer neuen Herausforderung in Gestalt der CFM56-5-Versionen.
Es war jedenfalls eine groteske Situation: Am 15. Januar 1987 hatte der Lufthansa-Aufsichtsrat auf seiner 215. Sitzung seine Zustimmung zum Abschluß eines Vorvertrages über 15 Festbestellungen und 15 Optionen auf den Airbus A340 abgegeben, nachdem sich der Technische Ausschuß der Airline zuvor für diesen vierstrahligen Jet ausgesprochen hatte. Am 9. Februar1987 wurde dann zwischen Airbus Industrie und der Deutschen Lufthansa ein Vorvertrag über 15 Airbus A340-200/-300 unterschrieben – alles auf Basis des Superfan-Triebwerkes. Wenige Wochen später war der Superfan tot.
Trotzdem blieb die Lufthansa dem Airbus A340 treu: Die Techniker hatten alle Werte gründlich durchgerechnet und noch immer Vorteile gegenüber dem Konkurrenzmodell MD-11 erkannt. Also blieb der Lufthansa nichts anderes übrig, als im Amendmont Nr. 1 zum Airbus-A340-Vortrag am 14. Mai 1987 die Umstellung von Superfan- auf CFM56-5C1-Triebwerke zu signieren. Reinhardt Abraham fühlte sich als Verlierer, die ohnehin latent vorhandenen Spannungen zwischen Abraham und Ruhnau erlebten in diesen Wochen einen Höhepunkt nach dem anderen, zumal das alternative Standard-Triebwerk V 2500 natürlich nicht mehr ausreichte. Die kurzzeitig definierte Idealvorstellung, mit dem gleichen Triebwerk am Airbus A320 und am Airbus A340 operieren zu können, wurde sowieso schnell verworfen.

Der vierstrahlige Airbus flog kompliklationslos in die Lufthansa-Flotte

BA
D-AIBA

Der Ende 1995 verstorbene verdienstvolle Lufthansa-Technikchef Reinhardt Abraham wies dem Airbus A340 den Weg

Es war nichts weiter als eine kurzlebige fixe Idee gewesen. Manche nannten es eine »Wahnsinnsidee.« Wie groß das allseitige Durcheinander war, läßt sich am besten daran ermessen, daß es erst am 15. Februar 1989 – also zwei Jahre nach dem ominösen Vorvertrag – zum endgültigen Vertrag zwischen der Lufthansa und der Airbus Industrie über 15 Festbestellungen und 15 Optionen kam. Und das als führender Launching Customer. Die Fluggesellschaften in aller Welt profitieren in den nächsten Jahren von diesem Teamwork. Immerhin hat die Lufthansa – exakt berechnet – über 30 000 Ingenieurstunden in die Spezifizierung und Entwicklung des Airbus A340 eingebracht. Wobei auch das noch erwähnt werden darf: Über die genannten 439 Änderungen und Verbesserungen hinaus wurden noch zahlreiche andere technische Qualitätsverbesserungen auf Lufthansa-Kosten eingebaut, die pro Kranich-Flieger rund acht Millionen Mark ausmachen. Ein Beispiel: Mit dem »Aircraft Condition Monitoring« (ACM) erkennen die Ingenieure der deutschen Fluggesellschaft, ob sich sich die aerodynamiche Qualität des Flugzeugs verschlechtert, weil sich die Steuerflächen verstellt haben. Das ACM überwacht Triebwerke, Klimaanlagen, Hilfsaggregate und Flugzeugstruktur, und alle Daten, die für die Wartung wichtig sind, werden beim Airbus A340 per Data-Link schon während des Fluges nach Frankfurt übermittelt und analysiert. Das erhöht die Sicherheit – und spart Kosten.

Umstritten aber bleibt der Nachhall der Superfan-Pleite. Die ursprünglich vertraglich gesicherten Leistungswerte konnten – zwangsläufig – nicht ganz erfüllt werden. Schließlich existiert der Superfan nicht. Das totale Vertrauen der Lufthanseaten – spöttischer Firmen-Jargon: »Ruhnau-Effekt« – in den Superfan wurde zum Bumerang und wirkte sich in einem gegenüber den eigenen Erwartungen doch etwas reduzierten Leistungsniveau aus. Simpel formuliert: Der Lufthansa war de facto mehr versprochen worden als anderen Airlines und das war nicht mehr einzuhalten.

Der Mann mit der Zigarre: »Manchmal bin ich Robin Hood«

Sieger im "Religionskrieg" in der Lufthansa: Karl-Heinz Dorfmeister, der "Mann mit der Zigarre"

Der Mann kann auf annähernd 15 000 Flugstunden zurückblicken, flog dreizehn Jahre lang, davon zwölfeinhalb Jahre lang als Kapitän, den bewährten City-Jet der Deutschen Lufthansa, die Boeing-737, das erfolgreichste je gebaute Düsenverkehrsflugzeug, und ist im Rückblick auf diese Aera und seine rund 6500 Flugstunden, die er in den Cockpits dieses amerikanischen Moneymakers zugebracht hat, unverändert der Überzeugung: »Für alle, die je die 737 geflogen haben, war dieser Twinjet immer ein tolles Flugzeug, ein zuverlässiges und wirklich effektives Arbeitsgerät. Aber die Boeing 737 ist natürlich, trotz aller Fortschritte mit den Jahren, ein Flugzeug einer anderen Generation.« Und mit leicht süffisantem Lächeln fügt der Mann, der zu den wenigen Lufthansa-Piloten gehört, die alle Generationssprünge der zweiten Hälfte des 20. Jahrhunderts zwischen Himmel und Erde von der »Viscount« ins Jet-Zeitalter und von den »alten« Jets in die Cockpits der »Digital-Flieger« mit vollzogen haben, hinzu: »Wenn ich heute in die 737 `reinschaue, trifft mich der Schlag. Es hat mich allerdings immer gestört, daß das Cockpit der 737 nie richtig `aufgeräumt` war, daß es im Grunde einer großen Rumpelkammer glich.« Sein am 14. September 1993 bei der Airbus A320-Katastrophe von Warschau tödlich verunglückter Flensburger Freund und Kollege Hans-Jörg Hansen, der immer von sich behauptet hat »Ich bin ein halber Däne« und der sein treuester Weggefährte beim Aufbau der Airbus-Flotte der Lufthansa gewesen ist, hat es einmal noch drastischer formuliert: »Wenn man mal wieder in die 737 guckt, glaubt man, man ist im Eisenbahn-Stellwerk.« Und Hans-Jörg Hansen war immerhin 17 Jahre lang Boeing-737-Pilot....

Die Rede ist jetzt – natürlich – von Karl-Heinz Dorfmeister, Österreicher von Geburt und nach seinen eigenen Worten »Österreicher unverändert mit Leib und Seele«. Ein Flugkapitän wie aus dem Bilderbuch, einer der verantwortlichen europäischen Piloten, die mit ungeheurem Enthusiasmus und sehr viel Engagement dem Airbus den Weg geebnet haben und heute darauf stolz sein dürfen, daß ihre Pionierarbeit nicht umsonst war und gute Ernte einbringt. Karl-Heinz Dorfmeister und seine Mitstreiter stehen bei der Lufthansa auf der langsam, aber kontinuierlich stärker werdenden »Airbus-Front«, haben sich immer wieder für die neue, in das 21. Jahrhundert weisende und inzwischen zaghaft selbst vom Branchenführer Boeing kopierte Technologie der europäischen Luftfahrt-Industrie stark gemacht und sind dabei groteskerweise immer wieder auch auf erbitterten Widerstand vieler Kollegen selbst im eigenen Unternehmen gestoßen. Das ist es, was ein Urgestein vom Format Karl-Heinz Dorfmeisters einfach nicht begreifen kann: »Ich bin nun mal ein Mensch, der für Gerechtigkeit ist.« Karl-Heinz Dorfmeister lacht: »Da bin ich ein Robin Hood. Ich finde es einfach schlimm, wie diese Flugzeuge von einem bestimmten Teil der Medien – bar jeder Sachkenntnis – immer wieder schlecht gemacht werden. Für mich und für viele meiner Kollegen ist das Airbus-Cockpit der schönste Arbeitsplatz, den es am Himmel gibt. Das gilt ganz besonders für den Airbus A340. Und deshalb kann ich diese teilweise erschreckende, hin und wieder sogar bösartige Gegnerschaft einfach nicht begreifen, die selbst in unsere Pilotenkreise bei der Lufthansa hineinreicht. Das ist manchmal schon eine Art `Religionskrieg` geworden, bei dem auch die Pilotenvereinigung `Cockpit` nicht immer eine rühmliche und seriöse Rolle gespielt hat.«

Karl-Heinz Dorfmeister läßt keine Mißverständnisse aufkommen: »Wenn Außenstehende, die vielleicht nicht so kundig sind wie Piloten, den Airbus leichtfertig verdammen, ist es schon schlimm. Doch damit muß man notgedrungen leben. Aber wenn Insider ins gleiche Horn blasen, wird es böse. Dabei weiß jeder vernünftige Pilot längst: Es gibt heute keine sicheren oder unsicheren Flugzeuge mehr, jedenfalls bei den modernen Jets europäischer und amerikanischer Herkunft; es gibt nur schlecht gewartete Flugzeuge oder ungenügend ausgebildete Piloten. Wenigstens ein Glück, daß Peter Rogowski und ich nie Probleme miteinander gehabt haben, immer hervorragend miteinander ausgekommen sind.« Flugkapitän Peter Rogowski war jahrelang der Boeing-747-Flottenchef bei der Deutschen Lufthansa. Karl-Heinz Dorfmeister schüttelt vorwurfsvoll den Kopf: »Es gibt auch keine vernünftige Erklärung für die absurde Haltung mancher Lufthansa-Piloten.« Und dann grinst er spöttisch: »Vielleicht ist es eine Art Eifersuchtshaltung.«

Ein eklatantes und immer wieder charakteristisches Symptom: Wann immer ein Airbus abstürzt oder in einen Unfall verwickelt wird, spulen die Archive der großen europäischen Agenturen die Airbus-Absturzserie ab, egal, ob es sich um einen Airbus A300, eine A310-300 oder einen Airbus A320 handelt, egal, worauf das Unglück zurückzuführen ist – und alle Zeitungen drucken es kritiklos nach. Katastrophe Nummer zwölf in der 23jährigen Airbus-Historie seit dem Erstflug des ersten Airbus A300 am 28. Oktober 1972 war der Absturz der A310-300 der rumänischen Fluggesellschaft TAROM am 31. März 1995, der 59 Menschenleben forderte. Im gleichen Zeitraum hat es nicht weniger als 185 entsprechende Unfälle mit Boeing-Jets gegeben – keine Agentur und keine Zeitung aber bringt, im Falle eines Boeing-737-Unglücks oder eines Jumbo-Unfalls, eine entsprechende Auflistung. Der simple Hintergrund, wie – par excellence – ein erfahrener Archivar der Deutschen Presse-Agentur einräumte: »Das geht nicht; so eine lange Liste kann kein Mensch drucken.« Aber die konfuse Liste von zwölf Airbus-Unfällen druckt sofort jede deutsche Zeitung bis hin zu den großen renommierten überregionalen Blättern.

Und wahr ist natürlich auch: Dem Airbus fühlen sich die Medien in Europa, im positiven und im negativen Sinne, mehr verbunden als Boeing. Doch das hat sehr viel mit Psychologie zu tun. Selbst ein Mann wie der kundige Amerikaner George Kauders, in Mitteleuropa Public Relations-Repräsentant der Boeing Commercial Airplane Group und damit schon von berufs wegen sicherlich kein Airbus-Wortführer, räumt fair und freimütig ein: »Wie Airbus oft in deutschen Medien behandelt wird, ist schon schlimm und dazu oft noch sachlich falsch. Aber das geht verrückterweise Boeing in Seattle nicht viel besser.« Motto: Der Prophet gilt – immer wieder – nichts oder wenig im eigenen Lande.

»Das darf aber doch gestandene Piloten nicht davon abhalten, objektiv über moderne Flugzeuge zu urteilen und nicht jeden Unfug nachzuklappen, der über die Bildschirme flimmert«, schimpft Flugkapitän Dorfmeister und lächelt gequält: »Schön und gut, wenn Piloten immer wieder für ihr konservatives Sicherheitsdenken gerühmt werden. Aber bei der Eisenbahn sind die alten Lokomotiven mit den Heizern doch auch längst museale Geschichte. Und keineswegs nur aus Umweltschutzgründen. Da reden wir immer wieder davon, aus Sicherheits- und Umeltschutzgründen nur die besten und modernsten Flugzeuge einsetzen zu wollen. Und dann dieser `Religionskrieg` in den Cockpits.« Allerdings sieht »Charly« Dorfmeister auch schon das Endes dieses »Religionskrieges« am Horizont: »Für mich selbst war die Umschulung auf den Airbus A310 das Umsteigen in eine neue Welt. Dieses Umsteigen fiel vielen allerdings sehr schwer, vor allem manchen Piloten, die von der alten dreistrahligen Boeing-727 kamen. Aber Flugzeugführer sein, heißt auch bereit zu sein, immer wieder neue Dinge zu lernen, mit der Technik mitzuwachsen. Wir haben heute

schon rund 1050 Airbus-Piloten in der Flotte, das ist etwa ein Drittel aller unserer Piloten; 700 dieser gut 1000 Flugzeugführer leben schon mit dem Sidestick und kommen damit hervorragend zurecht. Und ich gehe mal davon aus, daß höchstens eine Handvoll dieser gut 1000 Airbus-Piloten diesen Flugzeug-Typen noch negativ gegenüber steht. Natürlich war der Widerstand gegen Airbus anfangs groß, basierte vielfach auf Vorurteilen, auf konservativen Denkschablonen. Ich weiß, daß die Airbus Industrie anfangs sehr viele Fehler gemacht, ihre Flugzeuge zu `Wundervögeln` hochstilisiert hat. Da war vieles falsch und irritierend. Doch auch die haben dazu gelernt. Airbus hat vor allem gelernt zuzuhören.«
Für den Routinier Dorfmeister kam der Umschwung im Lufthansa-Pilotenkorps mit der Übernahme des Airbus A340: »Mit der A340 war der Bann gebrochen. Schon weil wir noch nie ein Flugzeug hatten, das so problemlos, so selbstverständlich integriert werden konnte. Die meisten Kinderkrankheiten waren schon beim A320 behandelt und bekämpft worden. Es klingt unglaublich, aber es ist wahr: Beim Airbus A340 hatten wir von vornherein nur halb so viele technische Verspätungen wie bei allen anderen Flugzeugen, die wir je bei der Lufthansa eingeführt haben. Das sprach sich schnell herum.« Karl-Heinz Dorfmeister kennt seine Pappenheimer im Cockpit und lacht: »Und natürlich wird die Airbus-Commonality von vielen Piloten fast mit Begeisterung akzeptiert. Früher mußte man sich von Muster zu Muster hochdienen und konnte entweder nur Kurz- oder Langstrecke fliegen. Heute können Piloten zwischen der A320 und der A340 wechseln. Das ist, aus Pilotensicht, natürlich ein großartiger Vorteil. So kam es zu dem Phänomen, daß es inzwischen bei uns sogar jüngere Piloten gibt, die sich bei der Kapitänsschulung bis zu zwei Jahren haben zurückstellen lassen, um A320-Kommandanten werden zu können – um `springen` zu können. Das zeigt den Wandel im Denken. Gott sei Dank.«
Schmunzelnd erinnert sich Karl-Heinz Dorfmeister in diesem Zusammenhang vieler anderer geschlagener und letztlich gewonnener Schlachten: »Was haben wir noch in den 80er Jahren über Zwei-Mann-Cockpits und Langstreckenflüge mit zwei Triebwerken

Zwei populäre Flugkapitäne mit Charisma: Udo Günzel und "Charly" Dorfmeister

LH 422 Frankfurt-Boston - die kürzeste Verbindung zwischen Deutschland und den USA

DELTA

gestritten. Schnee von gestern. Diese Diskussionen haben sich von selbst erledigt.« Wohl wahr. Mit einer wichtigen Ergänzung: Wenn heute moderne Twinjets a la Airbus A310, Boeing-767, Airbus A330 oder Boeing-777 dank der nie zuvor erlebten Zuverlässigkeit ihrer Triebwerke zum Besten und Sichersten gehören, was die Luftfahrtindustrie zu bieten hat, dann darf allerdings nicht unerwähnt bleiben, daß diesen Schritt Boeing vor Airbus praktizierte: Der Gigant aus Seattle schickte längst seine Twinjets über den Atlantik, als die Lufthanseaten, die Airbus-Manager und die Piloten-Vereinigung »Cockpit« noch über die Möglichkeiten solcher Langstreckenflüge debattierten, davor warnten und unverhältnismäßig lange mit ihren Entscheidungen zögerten. Es war – Kuriosum am Rande – das letzte Mal, daß die Boeing Company fortschrittlicher als die Airbus Industrie war. Für Karl-Heinz Dorfmeister, der mehr als die meisten europäischen Piloten beide Industrie-Welten kennt, ist das sogar logisch: »Boeing war immer, verständlich und im Grunde aus der Sicht der Firma auch nicht falsch, konservativ, beharrend und de facto nach hinten ausgerichtet, auf den Erfolgen der eigenen Vergangenheit ruhend. Airbus ist der Newcomer, der Neue. Airbus kann nur erfolgreich sein, wenn dieses Unternehmen neue Wege geht, Modernität paktiziert, fortschrittlicher agiert.«

Karl-Heinz Dorfmeister ist längst eine Institution im »Stall«. Seine Freunde schätzen seine Offenheit, seine freimütigen Worte und sein herzliches Lachen, seine Kollegen seine Fähigkeit, Wesentliches von Unwesentlichem schnell unterscheiden zu können. Im Top-Management der Deutschen Lufthansa hatte man sehr schnell begriffen, daß Karl-Heinz Dorfmeister, Jahrgang 1942, zu den qualifiziertesten Führungspersönlichkeiten im Piloten-Korps des Unternehmens gehörte. Für alle aber war und ist »Charly« – vielen Piloten im In- und Ausland, vielen Flugbegleiterinnen und Flugbegleitern und auch so manchem Manager ist der »richtige« Vorname des langjährigen Airbus-Flottenchefs der deutschen Airline bis heute unbekannt geblieben – vor allem der »Mann mit der Zigarre«. Sie ist sein Markenzeichen in allen Lebenslagen. Und so mancher im Hause Lufthansa hat schon oft gespottet: »Solange `Charly` noch nicht pensioniert ist, können wir, zumindest auf Langstrecken, kein totales Rauchverbot durchsetzen.« Abwarten. Dem Zug der Zeit wird möglicherweise auch Karl-Heinz Dorfmeister seinen Tribut zollen müssen. Vielleicht. Vorläufig stellt er lakonisch fest: »Im Cockpit gelten andere Gesetze als in der Kabine.« Fliegen wird er künftig ohnehin viel mehr als früher. Das hat einen einzigen, allerdings sehr wichtigen Grund: Karl-Heinz Dorfmeister ist nicht mehr Flottenchef. Karl-Heinz Dorfmeister lehnt sich lächelnd zurück: »Ich will noch ein paar Jahre ordentlich fliegen; Manager war ich jahrelang. Jetzt reicht es. Wir haben ordentliche Arbeit geleistet. Die Airbus-Flotte ist fester und guter Bestandteil der Firma, die Flugzeuge sind das Beste und Modernste, was wir haben, und die Piloten sind damit sehr zufrieden.« Und unmißverständlich fügt er hinzu: »Es war ein hartes Stück Arbeit, was wir hinter uns gebracht haben, aber es hat sich gelohnt.« Mit der obligaten Zigarre in der Hand stellt »Charly« stolz fest: »Wir haben das 21. Jahrhundert in der Deutschen Lufthansa vorbereitet.« Starker Tobak, aber handfeste Wirklichkeit. Und dann folgt ein Satz an die Adresse seiner Vorstandsherren, den sich zwei so verdienstvolle europäische Airbus-Macher wie der Franzose Louis Gallois, der Aerospatiale-Chef, und der Deutsche Hartmut Mehdorn wie einen Orden an die Brust heften können: »Ich bedauere nur, daß wir die A330 noch nicht bestellt haben.« Sie fehlt Karl-Heinz Dorfmeister offensichtlich noch zum perfekten Lufthanseaten-Glück. Grundsätzlich aber steht sein Urteil über die »Airbus-Familie«, die er wie seine eigene Verwandtschaft kennt, fest: »Alles gute Flugzeuge, aber die A321 ist mit der beste Flieger, den ich geflogen bin.« Basta. Das sagt ein langjähriger Airbus-Flottenchef. Karl-Heinz Dorfmeister ist zwar Österreicher. Trotzdem gehörte er bei den Kranichfliegern zu den Männern der ersten Stunde. Als Angehöriger des 25. NFF der Bremer »Pilotenbäckerei« – NFF: Nachwuchsflugzeugführerlehrgang hieß das jahrzehntelang im schrecklichen Lufthansa-Chinesisch – blickt er auf rund drei Jahrzehnte Flugerfahrung zurück. Er lernte in jungen Jahren noch auf der alten viermotorigen Vickers »Viscount« das Fliegen, dem ersten Verkehrsflugzeug der Welt mit Propellerturbinen-Luftstrahlwerken (PTL) kurz Turboprop genannt. Sein Weg führte über die vierstrahlige Boeing-707, mit der der Atlantik im Jargon der Piloten endgültig zum breiten River zwischen Europa und Amerika wurde, und über die Airbus-Palette ins Cockpit des

»Großen Europäers« Airbus A340. Karl-Heinz Dorfmeister, in Oberursel zu Hause, Vater einer 25jährigen Tochter und eines 21jährigen Sohnes, ein leidenschaftlicher Tennis- und Fußballsspieler und Freund klassischer Musik, sein verunglückter Freund Hans-Jörg Hansen, Burghard Reymann, der sich als verantwortlicher Technischer Pilot große Verdienste bei der Einführung der »Digital-Flieger« bei der Airline mit dem Kranich am Heck erworben hat, und Carl Sigel, sieben Jahre lang die Nummer 1 der Airbus A320-Flotte und heute in einer Person Generalbevollmächtiger des neuen Ressorts Operations und Chef der Flugbetriebsleitung, stehen in einer Reihe. Und ein paar hochmotivierte Flugkapitäne mehr. Wie beispielsweise Klaus Walendy, Dorfmeisters direkter Nachfolger als Chef der Airbus-Flotte, einer der ersten A340-Kapitäne. Oder wie die Flugkapitäne Rolf Proske, Rainer Stark und Heinz Beck, die bei der Lufthansa jetzt für die Airbus-Typen A310, A320 und A340 zuständig sind. Sie waren die Vorhut, die Motoren, sie formten und prägten die Airbus-Welt der deutschen Fluggesellschaft. Und immer stand das WIR im Vordergrund.

Karl-Heinz Dorfmeisters Wort trifft den Nagel auf den Kopf und kündet von der großen gemeinschaftlich erbrachten Leistung : »Einer allein hätte das nie schaffen können.« Sie alle lernten erst den »Kleinen Airbus« A320 kennen und stiegen dann auf den »großen Bruder« um. Für alle 37 Check- und Managament-Piloten der ersten Stunde führte der Weg ins A340-Cockpit über die A320. Die Entscheidung der Deutschen Lufthansa, ein gemeinsames Pilotenteam für diese Airbus-Welt aufzubauen, entsprach dem technologischen Fortschritt und sparte zudem erhebliche Kosten. Karl-Heinz Dorfmeister und Hans-Jörg Hansen, die beide übrigens intensivst am weltweiten Route-Proving der Lufthansa beteiligt waren – der spektakuläre Rekord unter Linienflugbedingungen war der Nonstop-Trip von Frankfurt nach Honolulu über 12 345 Kilometer! – waren sich immer in ihrem Urteil einig über den »Kleinen« und den »Großen Airbus“: »Es gibt fast keinen Unterschied zwischen beiden Flugzeugen, auch nicht beim Landen. Die Umstellung bereitet wenig Probleme.« Das hatte enorme Vorteile: Aus ursprünglich 60 Arbeitstagen beim »Umsteigen« von einem Jet auf den anderen wurden zwölf Arbeitstage für die Umschulung eines A320-Piloten auf den vierstrahligen »großen Bruder« Karl-Heinz Dorfmeister: »Das sind de facto wenigstens 60 000 Mark pro Mann.« Das läßt sich sehen und macht Sinn.

Nach der jahrelangen engagierten Zusammenarbeit zwischen den beiden erfahrenen Flugkapitänen Dorfmeister und Hansen, die diese beiden Männer Freunde werden ließ, traf der Tod Hans-Jörg Hansens »Charly« Dorfmeister wie ein Keulenschlag. Und doch blieb er – bei aller Erschütterung – Realist und ließ sich den Blick nicht trüben: »Bei diesem Unfall kam so viel zusammen; am Ende war es zu viel. Aber auch das steht fest: Dieser Unfall hätte jedem von uns passieren können, selbstverständlich auch mir. Schließlich kannte Hans-Jörg Hansen die A320 aus dem `ff`. Wahrscheinlich hätte ich auf der regennassen Landebahn in Warschau kaum anders reagiert. Daß wir alle aus diesem Unfall gelernt und Konsequenzen gezogen haben, vor allem die Airbus Industrie, ist im Nachhinein natürlich kein Trost. Für niemanden. Und schließlich darf nie vergessen werden, daß alle Luftfahrtbehörden in Europa und Amerika das Flugzeug exakt so zugelassen hatten; aus damaliger Sicht war das Flugzeug in jeder Hinsicht in Ordnung.« Wobei der langjährige Flottenchef keine Mißverständnisse aufkommen läßt: »Die Luftfahrtbehörden in den wichtigsten westlichen Industrienationen, vor allem natürlich die FAA in den USA, sind wirklich kompetent und kundig. Da gibt es keine Schludereien. Vor allem die FAA setzt immer wieder gültige Standards, die von den Europäern weitgehend akzeptiert werden.« Das Fazit bleibt letztlich immer wieder das gleiche: Fliegen ist – am Boden und in der Luft – eine lebenslängliche Prüfung für alle Beteiligten auf allen Ebenen. Auch die Airbus Industrie lernte – wieder einmal – dazu: Das Hauptfahrwerk des Airbus A320 wurde modifiziert, es wurden Doppelkammer-Stoßdämpfer eingebaut, die den Landestoß besser abfedern und die vor allem früher den Bodenkontakt des Flugzeuges bestätigen und damit die Sicherheitssperren der drei Bremssysteme (Bremsklappen, Schubumkehr und Radbremsen) freigeben. Ein gewichtiger und im Falle der Warschau-Katastrophe verhängnisvoller Umstand, der ursprünglich nicht erkannt und berücksichtigt worden war.

Der langjährige Lufthansa-Flottenchef hält ohnehin nichts von blinder Technikgläubigkeit, aber viel vom erworbenen und gelernten

Vertrauen in die Technik: »Natürlich gab es beim Airbus A320 Probleme, aus denen man inzwischen viel gelernt hat. Vor allem lernte die frühere Aeroformation viel dazu – trotzdem ist unsere eigene Grundausbildung im Hause Lufthansa noch immer besser und systemgerechter als in Toulouse – was auch notwendig war. Und natürlich gab es, ganz zwangsläufig, beim A340 eine Menge Kinderkrankheiten nicht mehr, die uns beim A320 viel Kopfzerbrechen bereitet haben. Dieses Flugzeug ist erstaunlich reif; unsere Erwartungen wurden bei weitem übertroffen.« Und dann demonstriert Karl-Heinz Dorfmeister diese »Reife« auf originelle Art: »Ich benutze nur noch selten Kopfhörer im Cockpit. In der A340 kann ich mir das erlauben, im Jumbo geht das nicht. Der ist, bei allem Respekt vor diesem Flugzeug, im Cockpit doppelt so laut.« Es gab und gibt viele sogenannte Kinderkrankheiten: Elektronische Fehler wie beispielsweise irritierende Tankanzeigen, die erfahrenen Piloten keine Schwierigkeiten bereiten, eine im hinteren Kabinenbereich ungenügende Frischluftdurchsetzung, Toilettenprobleme oder Ausfälle der Bordunterhaltung. »Und manchmal ist`s an unseren Arbeitsplätzen verdammt kalt und zugig«, berichten erfahrene Stewardessen. Einige Probleme wurden schrittweise gemeistert, andere sind geblieben. »Aber verflixt noch mal, das sind Probleme, die in allen Flugzeugen auftreten«, stellt Karl-Heinz Dorfmeister fest, »nur spricht darüber niemand. Nur bei uns ist das ein Dauerthema.«

Nichtsdestotrotz ist auch ein Routinier wie Dorfmeister – »Am allerschlimsten ist es in unserem Job, wenn man in Routine erstarrt« – immer willens, nicht unkritisch gegenüber dem Produkt zu werden, das er jeden Tag aufs Neue bewältigen muß: »Seien wir doch ehrlich. Ohne Flexibilität der Piloten würden die Flugzeuge gar nicht in die Luft gehen. Das gilt für alle Flugzeuge, ob von Boeing, McDonnell oder Airbus. Bei jedem technischen Gerät, und sei es noch so gut und noch so perfekt, gibt es immer wieder große und kleine Probleme, Fehler, Schwierigkeiten. Jeder Flieger hat seine Macken. Wie jedes Auto. Nur sind Flugzeuge viel viel zuverlässiger und sicherer als jedes Auto. Das muß auch so sein. Natürlich werden uns auf den modernen Bildschirmen die Fehler angezeigt; da wird uns auch geholfen zu erkennen, was wichtig ist und was wir im Augenblick beiseite schieben können. Aber letzten Endes müssen wir immer noch selbst entscheiden, wo es längs geht und was zu tun ist. Und das setzt gründliche Ausbildung auf allen Schienen voraus. Bei uns, bei den Fabrikations-Firmen und vor allem in Toulouse und in Hamburg. Deshalb hat der ganzen Branche auch der überhebliche Spruch eines Airbus-Managers so sehr geschadet und bei uns Piloten so viel böses Blut gemacht, die teuersten Passagiere würden vorn im Cockpit sitzen. Bullshit. Wenn wir uns, rundheraus gesagt, wirklich immer und überall buchstabengetreu nach den schriftlichen Anweisungen, Definitionen und Vorschriften richten würden, ohne den eigenen Kopf zu gebrauchen, würden wir meistens am Boden bleiben.«

Klare Worte eines Mannes, der sich diese Philippika erlauben darf. Karl-Heinz Dorfmeister wird noch deutlicher: »Deshalb störte mich in der Vergangenheit auch manchmal die Werbung der Hersteller. Da müssen die Leute ja glauben, die Flugzeuge würden heute von ganz allein fliegen und könnten überhaupt nicht mehr abstürzen. Schön wäre es.« »Zum ordentlichen Fliegen braucht man ordentliches Handwerkszeug«

Der Österreicher Karl-Heinz Dorfmeister ist ohnehin ein Mann verständlicher Worte. Er redet nicht um den heißen Brei herum, wenn es um Flugzeuge geht und hält – bei aller Begeisterung für die Fliegerei – nichts von unangebrachten Schwärmereien: »Ich bin Profi. Ich werde dafür gut bezahlt, daß ich die Passagiere ordentlich und sicher ans Ziel bringe. Und dazu brauche ich ordentliches Handwerkszeug. Das habe ich – beispielsweise – mit dem Airbus A340. Ein Flugzeug mit einem Cockpit, das von Grund auf neu und sehr gut konzipiert ist.« Karl-Heinz Dorfmeister lacht: »Natürlich kenne ich den Spruch: Jeder liebt das Flugzeug am meisten, das er gerade fliegt. Daran ist viel wahres. Ich verstehe ihn und ich verstehe auch meine Kollegen. Aber ich liebe meine Frau, nicht mein Flugzeug.« So einfach ist das.

Karl-Heinz Dorfmeister hält den Airbus A340 für das heutige Nonplusultra am Himmel. Und doch wagt er sich mit einem bemerkenswerten Satz unter die Propheten: »Ich glaube, der Airbus A340 ist das letzte große vierstrahlige Flugzeug. Es wird wohl niemand in der Welt mehr künftig noch vierstrahlige Flugzeuge bauen. Weder in Amerika noch in Europa. Die Zukunft gehört den Twinjets – dank der Kraft und Zuverlässigkeit der modernen

Triebwerke.« Eine wesentliche Einschränkung macht »Charly« Dorfmeister allerdings: »Natürlich rede ich nur von herkömmlichen Jets. Bei möglichen `Supersonics` kann das alles ganz anders aussehen.« Da ist der österreichische Lufthanseat und Airbus-Sympathisant nicht weit entfernt von Phil Condit, dem charismatischen amerikanischen Boeing-Präsidenten: »Natürlich gehört die Zukunft den Twinjets. Trotzdem will ich es nicht ganz ausschließen, daß eines Tages auch noch vierstrahlige Flugzeuge gebaut werden. Ich kann mir, bei aller Qualität moderner Triebwerke, einen künftigen `Super-Jumbo` eigentlich doch nur mit vier Triebwerken vorstellen. Doch das ist schon lange keine Frage der Sicherheit mehr. Nur, wer soll die gewaltigen Motoren bezahlen, die einen zweistrahligen Jumbo antreiben könnten?«

Aufgeräumt, übersichtlich und modern - das Cockpit des Airbus A340

Jules Verne lernt das Staunen –

Rund um den Globus in 48 Stunden und 22 Minuten

Jules Verne, der große französische Schriftsteller und Phantast, starb am 24. März 1905, wurde 77 Jahre alt – und starb 88 Jahre zu früh. Seine berühmte »Reise um die Weit in 80 Tagen« erschien 1872 – Jules Vernes populäre Erzählungen und Romane waren frühe Science Fiction. 88 Jahre und 84 Tage nach seinem Tod hätte selbst Jules Verne, der erste Autor erfolgreicher wissenschaftlich-utopischer Romane, die Weit nicht mehr verstanden, weil selbst er sich in seinen phantastischsten Träumen nie hätte vorstellen können, daß man in 48 Stunden, 22 Minuten und sechs Sekunden einmal um den Globus fliegen würde. Exakt um 12.21 Uhr am 18. Juni 1993 war das technische Wunder des 20. Jahrhunderts wirklich geworden, das am 16. Juni um 1993 um 11.58 Uhr auf dem 40. Aero Saion von Paris Le Bourget begonnen hatte. Und ausnahmsweise hätte in diesem Moment selbst ein Jules Verne einmal das Staunen gelernt. Noch mehr staunten allerdings die Ingenieure und Konstrukteure der Konkurrenz. Die Männer des Industriegiganten Boeing gratulierten, waren fasziniert und natürlich auch neidisch. Und Boeing-Vizepräsident Richard R. Albrecht quälte sich nach der viel gefeierten Landung in Paris die mutige Prophezeiung ab: »1997 fliegen wir mit einer Boeing-777 im Linienverkehr nonstop mit Passagieren und ohne Zusatztanks nach Neuseeland.« Der damalige deutsche Luftfahrtindustrie-Boß Hartmut Mehdorn quittierte diesen Satz mit einem einzigen Wort: »Bullshit«.
»World Ranger« war der Airbus A340-200 längst liebevoll getauft worden, der bereits mit seinem Nonstop-Flug von Toulouse zum westaustralischen Perth in 16 Stunden und 22 Minuten über 14 270 Kilometer am 23. Oktober 1992 für Aufsehen gesorgt hatte und direkt ins Guinness Buch der Rekorde geflogen war. Auf diesem Flug wurde die verwegene Idee geboren, einmal um den Erdball zu fliegen und bei diesem Nonstop-Flug nur einmal im Land der Antipoden, in Neuseeland, aufzutanken. Ein deutscher Flugzeugbauer, Hans-Jörg Mader, und der Brite Clyve Leyman, Chefingenieur von British Aerospace, hatten diese Idee. Der engagierte deutsche Ingenieur, der sich in jungen Jahren seine ersten Sporen bei den Vereinigten Flugtechnischen Werken (VFW) in Bremen erworben und als vielseitiger und engagierter Sportler die VFW-Mannschaft im renommierten Bremer Basketball-Club geleitet hatte – die »Bastelstube« VFW, wie das traditionsreiche Unternehmen an der Weser vor allem in Süddeutschland mit leicht mitleidigem Ton oft hämisch diskreditiert wurde, wurde für viele junge Flugzeugbauer in den 70er und 80er Jahren zur soliden Sprungrampe in höchste Positionen der deutschen Luftfahrtindustrie – nutzte die schier endlos langen Stunden auf dem Kurs in den Westen des fünften Erdteils zu einem kühnen Rechenexempel: Als der Airbus A340-200 in Perth gelandet war, war nämlich die Verblüffung groß. Der verbliebene Treibstoff hätte problemlos noch zum Weiterflug nach Melbourne gereicht, wo der »World Ranger« später auf der Australian International Air Show präsentiert wurde. Hans-Jörg Mader, inzwischen längst zum Airbus A330/340-Programmdirektor in Hamburg-Finkenwerder aufgestiegen, Clyve Leyman und Gerard Guyot, der damalige Leiter der Airbus-Direktion Flugversuche in Toulouse, hatten längst begriffen, daß es – natürlich mit Zusatztanks – möglich sein müßte, die Utopie des Fluges rund um den Erdball zu verwirklichen.
Der Flug des »World Ranger« war möglich geworden, weil in Toulouse ein »Jet des 21. Jahrhunderts« Serienreife erlangt hatte, weil ein deutscher und ein englischer Ingenieur Courage gehabt und in einem engagierten Franzosen einen kongenialen Partner gefunden hatten. Denn das war das Groteske: Die meisten Franzosen, die von der »verrückten Idee« Wind bekamen, winkten erschrocken ab. Der Widerstand reichte bis in die Chefetagen der Airbus Industrie. Selbst Chef-Testpilot Pierre Baud, der bei den meisten Jungfernflügen der Airbus Industrie verantwortlicher Kommandant gewesen war, war ursprünglich ein strikter Gegner des spektakulären »Rundflugs« gewesen – am Ende war er als Chefpilot, natürlich, mit von der Partie. Und als alle nach der glücklichen Rückkehr nach Paris Le Bourget stürmisch gefeiert wurden, da waren die längst legendenverklärten französischen Testpiloten Pierre Baud und Bernard Ziegler, Flugingenieur Jean-Marie Mathios und Gerard Guyot wieder die Helden der Grande Nation. Und wurden mit Ehrenbezeugungen und Orden überhäuft. Und von

Hans-Jörg Mader und Clyve Leyman sprach niemand. Immerhin muß erwähnt werden: Gerard Guyot hat in seinem kleinen Buch »Round the World in 48 hours« Hans-Jörg Maders und Clyve Leymans Verdienste gebührend gewürdigt.
Das wird sich wohl, bei allen feierlichen Bekenntnissen in Toulouse zur europäischen Airbus Industrie, so schnell auch nicht ändern: Im Selbstverständnis der meisten Franzosen ist der Airbus ein »französisches Flugzeug«. Wobei zugegeben werden muß, daß sich Frankreichs Industriemanager und Politiker auch tatsächlich immer viel engagierter, auch in schwierigsten Perioden, um dieses erfolgreichste Produkt gelungener europäischer Kooperation verdient gemacht haben als Briten und Deutsche, die anfangs doch nur sehr zögerlich mitspielten. Aber befremdlich war es doch, wie subjektiv die Medien beim Start des »World Ranger« am 16. Juni 1993 in Le Bourget, wo am 21. Mai 1927 Charles Lindbergh mit der Landung nach seinem

Rückkehr des "World Ranger" nach Le Bourget nach 48 Stunden am 18. Juli 1993 um 12.21 Uhr

denkwürdigen Nonstop-Flug von New York nach Paris mit dem »Spirit of St. Louis« Luftfahrtgeschichte geschrieben hatte, informiert wurden. Da wurde die Welt-Öffentlichkeit zwar ausführlich über die französischen Piloten und Ingenieure an Bord des »Worid Ranger« informiert. Ach ja, ein deutscher Techniker war auch dabei. Peter Niekerken aus Hamburg, »Mädchen für alles“, zuständig für die Flugvorbereitung, verantwortlich für die Ausrüstung und Versorgung der »Fluggäste«. Aber daß zum 22köpfigen Team auf dem Flug rund um den Erdball neben Peter Niekerken auch der für die Technik verantwortliche Luftfahrt-Manager im Deutschen Aerospace-Konzern, Ulrich Heider, der eigentliche Initiator Hans-Jörg Mader und der deutsche Airbus-Programmdirektor in Toulouse, Helmut Schrecker gehörten, erfuhr kein Mensch in Paris Le Bourget. Und daß zum tüchtigen Rekordteam auch der Hamburger Techniker Joseph de Juan gehörte, blieb genauso weitgehend unbekannt wie die Tatsache, daß die charmante Lufthansa-Stewardess Susanne Steffen mitflog, um sich zwei Tage lang um das leibliche Wohl der Mannschaft zu kümmern. Susanne Steffen wurde zum guten Ende als »Miss World Ranger« gefeiert.

Wenigstens das. Manchmal wird eben von manchem in Toulouse – und nicht nur in Toulouse und nicht nur in Frankreich – vergessen, daß der Airbus das Resultat guter europäischer Zusammenarbeit ist. Ein Vorwurf der allerdings, fairerweise sei's formuliert, kaum für Ingenieure, Techniker oder Piloten gilt. Deren Kooperation ist im Regelfall hervorragend. Wie auch auf dem Flug zu den Antipoden Crew Coordination das Maß aller Dinge und der Schlüssel zum Erfolg war. Der »Sand im Getriebe“, der immer wieder hemmt, steckt oft im Detail der Administration. Gerard Guyot war jedenfalls nach der Rückkehr nach Europa des Lobes voll und sprach allen Teamgefährten dieses historischen Fluges aus dem Herzen: »Unsere A340 verhielt sich hervorragend. Wir hätten nach dem Flug rund um die Welt sofort wieder zu neuen Flügen starten können.« Ob die Piloten dies auch mitgemacht hätten? Pierre Baud brachte die allgemeine Euphorie auf den großen Nenner: »Es war ein fantastisches Ereignis, das gewissermaßen die Entwicklung des Luftverkehrs symbolisiert: Vor 66 Jahren flog Charles Lindbergh erstmals über den Atlantik und landete nach einem 34stündigen Flug, wobei er 5800 Kilometer zurücklegte. Heute sind wir die Ersten, die mit einem normalen Passagierflugzeug rund um die Welt nach einer einzigen Zwischenlandung geflogen sind, wobei wir nur 14 Stunden länger brauchten.« Da hatten Pierre Baud und mancher andere längst verdrängt, wie sehr sie ursprünglich gegen diesen Flug gewesen waren. Sie fürchteten den riesigen Prestigeveriust bei einem eventuellen Mißlingens des großen Fluges. In den Chefetagen überwog lange die Bedenken: »Was passiert, wenn da was daneben geht?« »Und mancher war in der letzten Phase der Vorbereitung des Fluges rund um die Erde wohl auch nur neidisch, daß er nicht eingeweiht worden war oder daß er nicht mitfliegen durfte“, erinnert sich Helmut Schrecker heute lächelnd. »Als es ernst wurde und als es endgültig fest stand, daß wir fliegen würden, konnten wir uns vor Anfragen kaum noch retten: Hunderte wollten mitfliegen.« Als es ernst wurde, engagierten sich aber auch Pierre Baud, der sich längst vom Saulus zum Paulus gewandelt hatte, Bernard Ziegler und vor allem der bei dem schrecklichen A330-Unfall am 30. Juni 1994 in Toulouse-Blagnc ums Leben gekommene britische Cheftestpilot Nick Warner, einer der verdienstvollsten und erfahrensten Airbus-Kommandanten. Helmut Schrecker: »Als sie von der Möglichkeit des Fluges überzeugt waren, wurden sie zu Motoren.“ Helmut Schrecker gehört zu den gewissenhaften Chronisten des Rekordfluges, mit dem ein neues Kapitel im großen Buch der Luftfahrt aufgeschlagen wurde und Signale gesetzt wurden. Der Mann, dessen Vater einst als Flugzeugingenieur bei Junkers und später beim Hamburger Flugzeugbau tätig gewesen und sechs Jahre lang als »Beutegut« nach Rußland – 1946 bis 1952 – verschleppt worden war und mit seiner Familie in der »verbotenen Stadt« von Podberesje lebte, denkt mit ungebrochener Begeisterung an den 48-Stunden-Flug zurück: »Und wenn das Auftanken in Auckland nicht so lange – 5:03 Stunden – gedauert hätte, dann wären wir sogar noch in weniger als zwei Tagen wieder zurückgekehrt. Eigentlich war das sogar unser Ziel gewesen.“Eine Bravourleistung blieb die Reise mit dem vierstrahligen »Großen Europäer« trotzdem. » Es war schon ein eigenartiges Gefühl, zehn Stunden lang über Wasser zu fliegen, quer über den Pazifik“, erinnert sich Helmut Schrecker: »Als wir zwischen Neuseeland und den Fidschi-Inseln in 33 000 bis 35 000 Fuß Höhe über den Gewittern flogen, hatten wir richtige Elmsfeuer am Flugzeug, statische Aufladung, die sich faszinierend schön entlud.“Helmut Schrecker: »Aber keiner von uns hat Hawaii gesehen. Hawaii hatte sich, auf der zweiten Etappe, in

den Wolken versteckt."
Dabei war der spektakuläre Flug über 38 858 Kilometer, der auf dem Hinweg von Paris über Hamburg, St. Petersburg, Sibirien, Japan und Neu-Kaledonien führte – »Wir landeten 25 Minuten früher in Auckland als berechnet und hatten 14,6 Tonnen Treibstoff Reserven, genug, um noch dreieinhalb Stunden weiter fliegen zu können« – alles andere als eine Erholungsreise:
Drei anspruchslose Chemietoiletten mit Taschenlampenbeleuchtung, ein kleines Waschbecken sowie 20 Erster- und zwölf Touristen-Klasse-Sitze waren installiert worden. »Besonderer Komfort« für müde Geister: Schlafsäcke und Gummimatratzen. Als das Flugzeug abhob, wog es 257 Tonnen – allein 140 Tonnen gingen auf das Konto Kerosin. In fünf im hinteren Frachtraum installierte Zusatztanks waren extra 28,5 Tonnen Treibstoff eingefüllt worden. Auch das Höhenleitwerk war randvoll gefüllt.

Zuverlässig wie ein Uhrwerk liefen die Triebwerke rund um die Welt

Als der »World Ranger« die riesigen sibirischen Ströme Ob und Jenessei passiert hatte, verschwand die Sonne zwar kurz hinter den Wolken, ging aber nicht unter. Helmut Schrecker: »So verlieren wir die erste von drei Nächten, da wir mit der Drehrichtung der Erde fliegen. Wir werden aber noch eine zweite Nacht , verlieren'.« Als die ersten 70 Tonnen Treibstoff verbraucht sind, sehen die Piloten die Spitzen der höchsten japanischen Berge aus undurchdringlichen Wolkenschichten aufragen. Im hinteren Teil des Flugzeuges ist inzwischen ein richtiges Matratzenlager entstanden. Schlafen fällt jedem schwer; die Fenster lassen sich nicht verdunkeln, die Sonne geht nicht unter. Und im Halbschlaf wird eine imaginäre »Mauer« bewältigt: 14 Stunden und 25 Minuten – so lange dauert normalerweise der längste planmäßige Linienflug auf dem Globus, von Johannesburg nach New York über 12 850 Kilometer. Nach 16 Stunden und 20 Minuten wird der pazifische Äquator überflogen – die meisten verschlafen diesen Augenblick. Über der Hauptstadt Neu-Kaledoniens, Noumea, weiß die Crew endgültig, daß sich der große Aufwand gelohnt hat, daß die Treibstoffreserven bis Auckland reichen.

Als es zum ersten Mal dunkel wird, nach 20 Stunden und neun Minuten, hat der »World Ranger« sich endgültig seinen Platz im Guinness Buch der Rekorde gesichert, ist der bisherige Langstreckenrekord einer Boeing-747-400 der australischen Qantas von London nach Sydney über 17 950 Kilometer gebrochen. Mit großem Vergnügen erzählt Helmut Schrecker: »Der Zufall will es, daß sich zu dieser Zeit über Funk eine Qantas-Boeing auf dem Flug San Francisco – Auckland meldet und fragt, was wir hier tun. Als Nick Warner, der gerade fliegt, unsere Absicht erklärt, gibt der Qantas-Pilot zurück: »Das schaffen Sie nie«. Nick Warner antwortet: »Wir haben's gerade geschafft."Nach 21 Stunden und 32 Minuten setzt »World Ranger« auf der Landebahn in Auckland auf. Ortszeit 19.30 Uhr. In Paris, Toulouse, Bremen und Hamburg standen die Uhren bei 9.30 Uhr. 125,4 Tonnen Treibstoff sind verbraucht. Und als Geschenk haben die Franzosen einen Rugby-Ball der französischen Nationalmannschaft mitgebracht. Das richtige Präsent zur rechten Zeit im rugbyverrückten Neuseeland.

Der Flug, der seinesgleichen sucht und auf immer und ewig ein Meilenstein in der Geschichte der Luftfahrt bleiben wird, hat vor allem in den Ländern rund um den Pazifik viel Aufsehen erregt – bemerkenswerterweise erntete er in diesen pazifischen Regionen ein größeres Echo als in Deutschland. Helmut Schrecker und seine Mitarbeiter verwundert das nicht: »Es wird eines Tages reguläre Linienflüge von Europa nach Australien geben. In wenigen Jahren werden Flüge über 8 000 Meilen selbstverständlich sein. Und keine Region ist für diese langen Flüge mehr geeignet als der Pazifische Gürtel. Australien ist natürlicherweise ein limitierter Markt", so Helmut Schrecker, »aber Südostasien und Nordamerika werden zunehmend mit Nonstop-Flügen verbunden werden. Auch für unsere Airbus-Industrie sind die asiatischen Ziele und Airlines die dominanten Punkte; Nordamerika selbst bleibt für uns wohl immer ein beschränkter Markt."Die Konsequenzen liegen auf der Hand: 17- und 18-Stunden-Flüge wird es geben, aber vorderhand nur mit limitierter Fracht, doch auf alle Fälle ohne Passagiereinbußen. Helmut Schrecker: »Wenn wir beim Passagieraufkommen reduzieren müssen, lohnen sich diese Flüge nicht."Der große Aufwand für den Flug Paris – Auckland – Paris war also letztlich nicht nur schlagzeilenträchtig, sondern auch eine Investition in die Zukunft. Davon ist man in Toulouse felsenfest überzeugt. Und ganz sicher werden eines Tages auch Langstrecken-Jets fliegen, in denen gut betuchte Passagiere ihre Reise um die halbe Erde im Bett bewältigen. Entsprechende Vorarbeiten haben alle Flugzeug-Hersteller längst geleistet. Das Motto gilt: Wenn die Airlines es wünschen, werden Schlafkabinen eingebaut. Die Wette gilt: Die Fluggesellschaften werden auf dieses Angebot zurückkommen.

Als der »World Ranger« am 18. Juni 1993 um 12.21 Uhr nach seinem langen Törn Hawaii, Alaska, Grönland und die Britischen Inseln sanft in Paris Le Bourget aufsetzte, wo 66 Jahre zuvor Charles Lindbergh stürmisch gefeiert worden war, waren selbst die erfahrenen Profis der europäischen Airbus Industrie, die Baud, Guyot, Mader, Heider, Schrecker, Warner & Co verblüfft: Alle Systeme hatten trotz extrem langen Einsatzes einwandfrei gearbeitet, keine Anlage mußte auf das Back up-System umgeschaltet werden. Und sechs spektakuläre Weltrekorde wurden registriert:

Erster Nonstop-Flug zwischen Europa und Neuseeland, den Antipoden des Nordens und des Südens auf dem Planeten Erde.

Erster Nonstop-Flug zwischen Neuseeland und Europa. Längster Nonstop-Flug eines Verkehrsflugzeuges. Schnellster Flug in seiner Kategorie rund um die Welt. Schnellster Flug von Paris nach Auckland. Schnellster Flug von Auckland nach Paris.

Pierre Baud, Frankreichs populär-

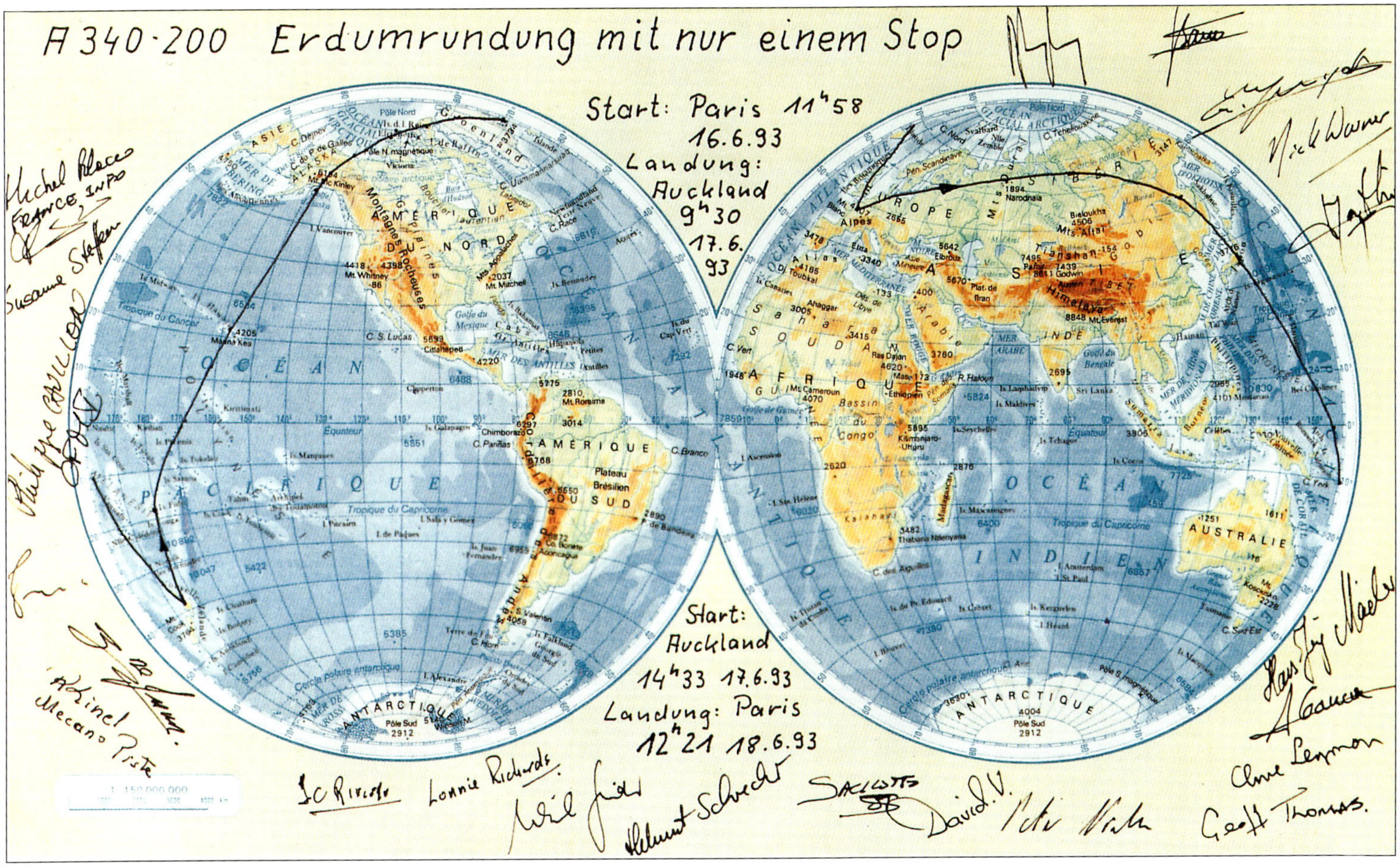

Eine Globuskarte mit den Autogrammen der Rekord-Crew wurde zum historischen Dokument

ster Pilot, erklärte grinsend: »Jetzt gibt es nur noch eine Steigerung. Einmal rund um die Welt ohne Zwischenlandung.« Immerhin hat das ein Flugzeug ganz besonderer Art schon geschafft: Das mit zwei Motoren von 1 10 bzw. 130 PS am Bug und Heck ausgerüstete zweirumpfige amerikanische Höhen- und Spezialflugzeug Voyager („Der Reisende") aus Faser-Verbundwerkstoffen mit den beiden Piloten Dick Rutan und Jeana Yeager brauchte 1986 für seine 44 000 Kilometer lange Erdumrundung zehn Tage. Seine maximale Höchstgeschwindigkeit: 218 Stundenkilometer.

Als der »World Ranger« auf dem Rückflug den Mount McKinley in Alaska, den höchsten Berg der USA, und den Yukon überflog, da erinnerte sich nicht nur Helmut Schrecker seiner Jugend und der vielen Abenteuer-Geschichten aus dieser Welt, die er mit heißem Kopf verschlungen hatte: »Es war schon ein eigenartiges Gefühl.« Und dann konstatierte der Airbus-Manager lachend : »Und im übrigen kam uns allen der Rückflug viel kürzer vor.« Die Euphorie des Erfolgs animierte und beflügelte. Nach fast 13 Stunden, über Alaska, waren 92 Tonnen Treibstoff verbraucht, nach 17 Stunden Flugzeit und 14 800 Kilometern kam Grönland in Sicht. Und als der »World Ranger« gelandet war und Bernard Ziegler die erste große Champagner-Flasche knallen ließ, entlud sich die allgemeine Begeisterung auf dem 40. Aero Salon in einem Freudenfest und Blitzlichtgewitter. Eine Utopie war verwirklicht worden. Und Hans-Jörg Mader, ein gebürtiger Schlesier, war überglücklich: Aus einer kühnen Idee war eine der letzten wahrhaftigen Pionierleistungen unseres Jahrhunderts zwischen Himmel und Erde geworden.

Cathay Pacific Airways: Keine Angst vor 1997

John R. Slosar, Jahrgang 1956, aus Cleveland im US-Bundesstaat Ohio stammend, gehört zu den Symbolfiguren der immer wieder imponierend ertragskräftigen asiatischen Fluggesellschaft Cathay Pacific Airways, die als erste und bislang einzige Airline die beiden »Großen Europäer« Airbus A340 und Airbus A330 in Dienst gestellt hat, nachdem sie vor sieben Jahren schon einmal Schrittmacherdienste zwischen Himmel und Erde geleistet und vor der Konkurrenz den großen Jumbo Boeing 747-400 »Megatop« eingesetzt hat. Der energiegeladene blutjunge amerikanische Generalmanager der am 24. September 1946 gegründeten Airline ist bei Cathay Pacific Airways verantwortlich für Flotten- und Streckenplanung.
John Slosar, seit über 14 Jahren bei Cathay, gehört zu den vielen dynamischen, erstaunlich jungen »Himmelsstürmern« aus aller Welt, die an den Schalthebeln der vor annähernd 49 Jahren von zwei Piloten, dem Australier Sydney H. de Kantzow und dem Amerikaner Roy C. Farrell, mit einer umgebauten DC-3 aus der Taufe gehobenen Fluggesellschaft sitzen, kontinuierlich für Schwarze Zahlen bürgen, grenzenlosen Optimismus verbreiten, an die Zukunft der Luftfahrt im allgemeinen und an die guten Aussichten von Cathay im besonderen glauben und wenig Angst vor dem ominösen Jahr 1997 haben, an dem Hongkongs de facto mittlerweile 153jährige Geschichte als britische Kronkolonie endgültig endet und der 1045 Quadratkilometer große Inselstaat zu China »heimkehrt". Was 1842 als Kronkolonie Hongkong an der Mündung des Xi Jiang begann, 1860 durch die Halbinsel Kowloon erweitert wurde und 1898 in einen 99jährigen Pachtvertrag mündete, bekam 1984 in einem Vertrag zwischen Großbritannien und China ein neues Korsett verpaßt, das Hongkong für weitere 50 Jahre als chinesisches »Sondergebiet« definiert.

Richard H. Fry, der erfahrene australische Airbus-Flottenchef von Cathay Pacific Airways

Es ist schon eindrucksvoll und verblüffend zugleich, mit den aus vielen Ländern stammenden Managern von Cathay Pacific im renommierten Swire House an der Connaught Road Central in Hongkong zu sprechen und ihre Gelassenheit zu erleben, mit der sie dem berühmten 1. Juli 1997 entgegenblicken. Keine Spur von Angst, keine Panik und auch keine Berührungsängste bei den vielfältigen Gesprächen, Verhandlungen und Verträgen mit den viel flexibler gewordenen Erben Maos, die längst allgegenwärtigen Einfluß und eine erstaunliche wirtschaftliche Macht in Hongkong haben – auch bei Cathay Pacific selbst.
Rotchina gehört schon lange zu den Anteilseignern dieser Fluggesellschaft, in die sich bereits 1948 die mächtige Swire-Gruppe mit 45 Prozent eingekauft hatte und schnell zur dominierenden Macht im Unternehmen geworden war. Seinerzeit hielten Australian National Airways weitere 35 Prozent und Farrell und de Kantzow je 10 Prozent der Anteile.
Jedenfalls gilt heute, Rotchina hin, Rotchina her, uneingeschränkt die Cathay-Devise: »Wir werden die beste Airline der Dekade sein.« Und damit sind natürlich die 90er Jahre gemeint – die Gegenwart und auch die Aera nach dem 1. Juli 1997, die im Grunde schon begonnen hat. Für das Führungsmanagement von Cathay Pacific von Peter Sutch, Jahrgang 1945, dem britischen Präsidenten der Swire Gruppe in Hongkong, über Rodd I. Eddington, Jahrgang 1950, dem aus Perth stammenden australischen Cathay-Generaldirektor, bis zu Simon J. N. Heale, dem 1953 in Ägypten geborenen Wirtschafts- und Finanzchef von Airline – Cathay Pacific Airline mit seinen aus fast aller Herren Länder stammenden Managern, Piloten, Ingenieuren und Stewardessen ist unbestritten von ihrer inneren Struktur her die internationalste und deshalb vielleicht auch dynamischste Fluggesellschaft der Welt – gibt es keine Zweifel: »Wir glau-

Landeanflug über dem Häusermeer von Kowloon, Hongkong

ben felsenfest an die Zukunft Hongkongs unter chinesischer Souveränität. Hongkong ist für China von ganz großer wirtschaftlicher Bedeutung.« Das gilt im ganz besonderen Maße natürlich für den Süden Chinas. Rodd I. Eddington wird noch deutlicher: »Wir werden mit der neuen Souveränität bequem leben können. Das chinesisch-britische Abkommen über die Zukunft Hongkongs gibt uns alle Möglichkeiten, genauso zu operieren wie heute."
Der Expansionsdrang der anno 1996 ihren »50.« feiernden Fluggesellschaft, die 1946 ihren Flugbetrieb mit einer für 30 000 Dollar von Roy C. Farrell erworbenen und dann umgerüsteten DC-3 namens »Betsy« aufnahm, manifestiert sich auch in ihrem äußeren Erscheinungsbild. Die klassischen grünen Streifen am Heck weichen – Jet für Jet – einer wie mit einem Kalligraphiepinsel hingewischten und stilisierten weißen Vogelschwinge auf den dunkelgrünen Leitwerken. Das neue Signum soll Kraft und Dynamik symbolisieren, auch wenn es vielen Cathay-Mitarbeitern noch etwas schwer fällt, sich mit diesem neuen Symbol anzufreunden.
Airbus-Flottenchef Richard H. Fry, ein australischer Flugkapitän mit über 12 600 Flugstunden, bringt es lächelnd auf den Nenner: »Früher war es einfacher, unsere Jets schon von weitem an ihren markanten grünen Streifen zu erkennen. Ein bißchen vermisse ich das schon.« Doch dann lacht »Rick« Fry: »Ehrlich, je öfter ich inzwischen unseren `weißen Vogel` am Heck sehe, desto besser gefällt er mir.« Und mit dem Äußeren wandelte sich auch die Maxime. Einst galt das Motto: »Arrive in better Shape". Das ist Vergangenheit. Jetzt gilt: »Cathay Pacific. The Heart of Asia."
Damit ist es den Cathay-Managern ernst, die im »Pazifischen Gürtel« mit den auf lange Sicht größten Zuwachsraten im Luftverkehr – wenigstens acht Prozent werden für die nächste Dekade kalkuliert – eine immer dominierende Rolle spielen wollen. Die Weichen sind bereits gestellt: Die Flotte soll von derzeit 55 Jets schon bis Mitte 1996 auf wenigstens 67 Flugzeuge wachsen; in den kommenden drei Jahren sollen nicht weniger als 32 ältere Jets ausgemustert werden, allen voran die 17 TriStars, für die mit den europäischen Großraumflugzeugen Airbus A330 bereits Ersatz parat ist. Der Anfang wurde mit vier Airbus A340-200 gemacht, die für zwei Jahre geleast worden sind. Fest bestellt wurden sechs Airbus A340-300, die im Sommer 1996 und Anfang 1997 ausgeliefert werden, sowie zehn Airbus A330-300, von denen allerdings einer an die vornehmlich auf Kurs China operierende Tochtergesellschaft Dragonair geht; die neun europäischen Cathay-Twinjets werden zwischen dem Januar 1995 und dem Mai 1997 ausgeliefert, wobei alle mit dem britischen Rolls Royce-Trent700-Triebwerk ausgerüstet werden und somit die ersten fast komplett reinen »europäischen Airbusse« sind. Dazu kommen, wie seitens Cathay bestätigt wurde, noch je acht Optionen für den Airbus A340-300 und den Airbus A330-300. Cathays Schwestergesellschaft Honkong Aircraft Engineering Company (HAECO) errichtet für die Überholung und Wartung dieser Trent700-Kraftpakete ein eigenes Technikzentrum in Hongkong. Das Motto gilt: Technisches Know how gewinnen und gleichzeitig Kosten sparen. Derek Cridland, der verantwortliche Ingenieur-Direktor von Cathay, stellt dazu erklärend fest: »Wir haben als Unternehmen große Erfahrungen mit dem Rolls Royce-RB211-Triebwerk aus unseren Lockheed L1011 und Jumbos. Wir können mit diesen Triebwerken gut umgehen. Außerdem ist das auch eine ganz wichtige wirtschaftliche Kalkulation: Wenn wir durch unserer Überholungszentrum nur ein Triebwerk weniger als Ersatz vorhalten müssen, sparen wir dadurch rund zehn Millionen Dollar.« Eine Rechnung, die aufgeht. Die vierstrahligen Cathay-Airbusse werden mit CFM56-5C2- (A340-200) bzw. CFM56-5C4-Triebwerken (A340-300) ausgerüstet. Aber auch in Seattle ist der sich reckende und streckende asiatische Luftfahrt-Riese ein guter Kunde: Zwei weitere Boeing-747-400 und elf Boeing-777 – letztere sollen zwischen 1996 und 1998 zur Auslieferung kommen – sind geordert. Dazu kommen je elf Optionen – bis zum Jahre 2000 konzipiert – auf den Jumbo und den Twinjet Boeing-777. Kaum eine zweite Airline der Welt hat einen derartig umfangreichen Bestellkatalog.
Generalmanager John R. Slosar lächelt: »Wer so weit plant, hat keine Angst vor der Zukunft. Hongkong behält seine eigene Fluggesellschaft und Hongkong wird auch künftig seine Verkehrsrechte direkt mit anderen Ländern aushandeln. Das ist ein weltweites Novum und eine ganz neue Situation: Erstmals wird eine `Regionalregierung` berechtigt sein, über internationale Verkehrsrechte mit anderen Staaten zu verhandeln. So ist es in dem Abkommen zwischen

Ein Airbus A330 von Cathay auf dem legendären Stadtflughafen Kai Tak von Hongkong

China und Großbritannien, der 'Joint Declaration' von 1984, festgelegt. Das wird uns auch nach 1997 erlauben, unsere Marktstrategien vor allem im pazifischen Raum, der unser wichtigster Markt bleiben wird, genauso weiter zu entwickeln wie bislang.« John R. Slosar ergänzt diese Aussage mit einem wichtigen Statement: »Wir sind als Hongkong-Unternehmen in einer sehr guten Position für die Zukunft.« Und weil eigentlich alle verantwortlichen Manager, Ingenieure, Planer und Piloten bei Cathay, aus welchen Ländern sie auch stammen, an die große Zukunft ihres Unternehmens glauben, sehen sie in dem berühmten 1. Juli 1997 nur einen weiteren wichtigen Meilenstein für Cathay Pacific Airways, aber kein über ihren Köpfen am seidenen Faden hängendes Damoklesschwert. Das ist die eine Seite der chinesischen Medaille. Über die andere Seite wird dagegen nur sehr, sehr selten gesprochen. Die nur manchmal hypothetisch aufgeworfene Frage, ob am Ende nicht doch alles ganz anders kommen wird, ist im Grunde ein Tabu-Thema und wird, wenn es denn schon sein muß, mit strikter Verneinung beantwortet. Auch wenn viele im Grunde ihres Herzens so denken wie Bill Andrews, einer der erfahrenen Check-

Mit vier A330 verbindet die Cathay-Tochter Dragonair Hongkong mit China

2000 北京蜂王精

und Trainingskapitäne der Airbus-Flotte von Cathay Pacific Airways. Bill Andrews, privat ein leidenschaftlicher Ballonfahrer, erklärt mit entwaffnender Offenheit: »Es wird schon alles gut gehen. Aber mir kann sowieso nichts passieren. Ich bin Brite.« So einfach ist das. Jedenfalls für viele.
Da inzwischen alle Widerstände beim Bau des neuen Großflughafens Chek Lap Kok überwunden sind, der vor der Insel Lantau buchstäblich im Meer aufgeschüttet, mit einer Schnellbahn direkt mit Hongkong verbunden – Slosar : »22 Minuten vom Airport bis ins Zentrum Hongkongs« – und wenigstens 17 Milliarden Dollar kosten wird, ist den Cathay-Managern auch in dieser Hinsicht vor dem 21. Jahrhundert nicht bange. Zweifel über die pünktliche Fertigstellung des neuen Flughafen wischt der Amerikaner Slosar kühn beiseite: »Ich bin Optimist: Der Flughafen wird spätestens Ende 1997 fertig sein. In Hongkong ist alles ganz anders als überall in der Welt: In Hongkong sind wir meistens schneller als der Plan und bleiben normalerweise auch unter den Kostenvoranschlägen.« Und Kai Tak? Der legendäre alte Stadtflughafen, der mehr als jeder andere Airport der Welt in den Simulatoren aller Airlines `angeflogen' wird, hat keine Zukunft: Kai Tak wird Baugelände, ein berühmtes Kapitel Luftfahrthistorie wird verschwinden und nur nostalgische Erinnerungen hinterlassen.
Nirgendwo in der Welt ist Baugrund wertvoller als in Hongkong. Das Ende von Kai Tak erfüllt schon heute viele alte Fliegerherzen mit tiefer Wehmut, auch wenn Hunderttausende jahrzehntelang diesen Flughafen verflucht haben mögen, die immer größeren und zahlreicheren Jets, die buchstäblich über die Häuserschluchten der Kronkolonie hinweg einschweben. Es gibt keinen Airport in der Welt, der einer Millionenbevölkerung so hautnah, so laut und so emsig verbunden ist wie Kai Tak. Faszination und Albtraum in einem.
Schier unglaublich aber ist es vor allem, wie sich die Welt am Xi Jiang in den letzten 50 Jahren verändert hat. Historische Luftaufnahmen des berühmten Flughafens zeigen zwei Landebahnen, die Insel- und Hügelwelt im Hintergrund, zahlreiche Schiffe auf der Reede – daran hat sich bis heute nichts geändert – und keine Hochhäuser. Ein Bild von Hongkong, das unwirklich anmutet. Es war die Zeit, als in der berühmten Bar des legendären Manila Hotels die Geburtsstunde von Cathay Pacific schlug, als Roy C. Farrell und Sydney H. de Kantzow je einen US-Dollar zahlten, um ihre Fluggesellschaft amtlich eintragen lassen zu können, und als sie schließlich mit ihrer alten »Betsy« aktiv werden durften, die sie nach langwierigen und komplizierten Verhandlungen bei Black Label-Whisky im Waldorf Astoria in New York schlußendlichendlich auf 30 000 Dollar heruntergehandelt hatten. Ihr erster kommerzieller Flug führte diese alte C47 – die militärische Variante der DC-3 – von Hongkong nach Sydney und dann nach Schanghai, von wo sie eine große Ladung Stoffe und Wollsachen mitbrachten. Der Anfang war gemacht: Cathay Pacific wurde aktiv. 1948 gab es schon einen richtigen Flugplan: Macao, Manila, Bangkok, Rangun und Singapur hießen die Destinationen. 1954 wurde die erste DC-4 eingeführt – endlich konnte dank der Druckkabine auch »über den Wolken« geflogen werden – und 1958 wurde erstmals ein fabrikneues Flugzeug erworben, eine DC-6B. Mit einer Convair 880 trat Cathay 1962 ins Jet-Zeitalter ein – im selben Jahr wurde die letzte DC-3 verkauft. Zwei Jahre später, 1964, wurden der millionste Passagier gezählt – 18 Jahre nach der Gründung. Cathay Pacific Airways hatte sich im Markt duchgesetzt. 1975 ging es endgültig hinaus in die weite Welt: Mit TriStars erschloß sich Cathay vor allem den Mittleren Osten. Der Schritt zur globalen Airline wurde am 31. Juli 1979 vollzogen. An diesem Tag landete der erste Cathay-Jumbo aus Seattle auf dem Kai Tak-Airport, mit dem das Unternehmen ab 1980 erstmals auch direkt nach London und ab 1984 nach Frankfurt fliegen konnte. Jetzt sind die europäischen Airbusse das technologische Nonsplusultra der Gesellschaft, die es geschafft hat, sich in nicht einmal 50 Jahren von einem mutigen, vielfältig belächelten Experiment zu einer der angesehensten Airlines der Welt zu entwickeln. Es war der Weg von der DC-3 zum Airbus A340.
Cathay Pacific Airways, die sich zu 51,8 Prozent im Besitz der weltweit operierenden Swire-Gruppe befindet – 22,5 Prozent gehören bemerkenswerterweise Chinesen – und derzeit 42 Plätze in 26 Ländern anfliegt, wozu auch Frankfurt, Zürich, Amsterdam, Manchester, London, Rom und Paris gehören, hat eine langfristig klare und überschaubare Flottenpolitik: Langstrecken-Jets vom Schlage Boeing-747-400 und Airbus A340-300 und Großraumflugzeuge a la Airbus A330-300 und Boeing-777,

die vor allem auf den asiatischen Mittelstrecken eingesetzt werden sollen, sollen die Zukunft garantieren. Doch weil den Cathay-Managern das Modernste auch immer das Beste ist, denken sie schon jetzt weit über den 1. Januar 2000 hinaus und liebäugeln bereits mit Großraumprojekten a la Airbus A3XX. Für John R. Slosar macht es jedenfalls keinen Sinn, »bei stetig wachsendem Verkehrsaufkommen vor allem im pazifischen Raum zwei Langstreckenjets beispielsweise binnen einer halben Stunde von Hongkong nach Los Angeles zu schicken, wo doch auf allen Airports die freien Flächen und der Stellraum immer mehr schrumpfen“. Asien ist nach der festen Überzeugung des Cathay-Planers »eine populäre Region für künftige Großraumflugzeuge. Und zu den Projekten, die wir gründlich studieren, gehört auch die A3XX“.
Ein Argument John R. Slosars verdient besondere Beachtung: »Im Jahre 2005 werden rund 400 Boeing-747 eben schon 30 Jahre alt sein. Und die Frage dieses Marktes ist auch eine Frage des Alters der Jumbos.« Daß es langfristig einen Markt für die Very Large Commercial Transport (VLCT)-Flugzeuge gibt, die bei rund 75 Metern Länge in zweistöckigen Rümpfen 650 Passagiere in zwei Klassen oder bis zu 960 Passagiere in einer Einheitsklasse transportieren können, davon ist John R. Slosar felsenfest überzeugt. Und Cathay Pacific Airways, die Fluggesellschaft mit dem »asiatischen Herz“, dem modernen Flotten-Profil und den Managern aus vier Erdteilen, gehört mit Sicherheit zu den potentiellen Kunden der künftigen »Doppeldecker“, die in den Computern und auf den Reißbrettern in Toulouse und Hamburg-Finkenwerder längst existieren. Wobei ein Aspekt besonders inter-

Cathay-Tochter Dragonair fliegt mit dem "Kleinen Airbus" A320 ins Riesenreich der Mitte

essant ist: John R. Slosar und die Cathay-Manager verbinden mit dem kühnen Projekt A3XX – genauso wie die Strategen von Singapore Airlines oder anderen modernen Fluggesellschaften – vor allem lange interkontinentale Nonstop-Flüge. In Japan denken die Airline-Manager ganz anders: Jets mit 900 bis 1000 Passagieren sind für Japans Fluggesellschaften, allen voran All Nippon Airways (ANA), die idealen Geräte für stark frequentierte Inlands-Kurzstrecken. Daß von diesen bereits projektierten Super-Jets, die im Gegensatz zu den immer wieder ins Gespräch gebrachten Concorde-Nachfolgern sicherlich in der ersten Dekade des 21. Jahrhunderts flügge werden, auf lange Sicht letztlich höchstens 350 bis 400 weltweit benötigt werden, macht das teure Puzzle nicht einfacher: Wird es eine globale Zusammenarbeit der großen Hersteller geben? Oder werden Airbus und Boeing getrennte – teure – Wege gehen? Die Entwicklungskosten für diesen Super-Jet werden schon heute auf wenigstens 20 Milliarden Mark geschätzt. Und ein einzelner Airbus A3XX dürfte gut und gerne seine 200 Millionen Dollar oder vielleicht gut 300 Millionen Mark kosten. Da bleibt für alle Interessenten und eines Tages beteiligten Partner und Kunden vor allem eine Frage: Wer soll das bezahlen? Nur wenige Airlines werden dazu in der Lage sein. Cathay Pacific Airlines zählt sich, so John R. Slosar, zu den potentiellen Kunden. Wie mehrere andere große asiatische Fluggesellschaften.

Twinjet A330: Das Schmuckstück der LTU

Alle Piloten wissen es, alle Flugzeugkonstrukteure leiden darunter und (fast) alle Airlines müssen damit leben: Alle wirklich neuen Flugzeuge haben Kinderkrankheiten. Mal sind sie harmlos, mal sorgen sie für viel Ärger. Das ist – manchmal – wie mit dem schicken neuen Auto, auf das man so stolz ist: Erst wenn es so richtig eingefahren ist, beginnt die ganze Sache Spaß zu machen. Doch so lange können, dürfen und wollen Fluggesellschaften nicht warten. Besser, sicherer und wirtschaftlicher ist es, wenn möglichst viel von vornherein stimmt. Und zwar bis ins letzte Detail. Schon wegen der Passagiere. Und natürlich auch wegen der Umwelt. Beides zusammen trägt zum Renommee bei. Und damit letztlich zur Wirtschaftlichkeit. Und da hat die LTU – mal wieder – ein gutes Händchen gehabt.
Der zweistrahlige Airbus A330 ist jedenfalls schneller als erwartet zum tüchtigen Schmuckstück der Düsseldorfer Ferienflieger geworden. Ein Flugzeug, das in punkto Treibstoffverbrauch, Emissionen und Lärm in der rot-weißen Flotte neue Maßstäbe gesetzt hat. Ein praktisches Beispiel, das vor allem von den Kaufleuten des Unternehmens rühmend erwähnt wird: Auf dem Flug von Düsseldorf nach Palma de Mallorca, einer der markanten »Rennstrecken« der LTU, verbraucht der »Große Europäer« aus Toulouse rund zehn Tonnen Treibstoff. Das sind vier bis fünf Tonnen weniger, als sein Vorgänger TriStar benötigt hat. Anders formuliert: Der 63,7 Meter lange Twinjet, der eine Spannweite von 60,3 Metern und eine Reichweite von 8800 Kilometern hat, verbraucht bei einer Reisegeschwindigkeit von 870 Stundenkilometern nur 2,2 Liter Kerosin pro Passagier auf 100 Kilometer. Im Vergleich zum TriStar, der viele Jahre lang das bewährte Flaggschiff der Gesellschaft war, benötigt ein LTU-Airbus damit 30 bis 35 Prozent weniger Treibstoff pro Sitzplatz.
Es gibt noch ein hausinternes Rechenexempel: LTU-Kalkulatoren haben ausgerechnet, daß sich mit dem Airbus A330 rund 100 Passagiere mehr als bei der Boeing 767 bei nur geringfügig höherem Treibstoffverbrauch befördern lassen.
Und die Emissionswerte der mächtigen mannshohen Pratt & Whitney-PW4168-Triebwerke des LTU-Airbus, der übrigens doppelt so viel Fracht mitnehmen kann wie der TriStar, liegen beim Kohlendioxid und beim NOx um etwa 40 Prozent unter den international verbindlichen Richtlinien. Man kann die Qualität dieses Flugzeuges auch mit anderen Augen sehen. »Unser erklärtes Ziel war es, das leiseste Cockpit und die leiseste Kabine der Welt anzubieten.« So Hans-Jörg Mader, der deutsche A330/340-Programmleiter in Hamburg-Finkenwerder. Mit sichtlichem Stolz fügt erhinzu: »Das haben wir erreicht.« Die neuen »Flüsternden Riesen« der LTU-Flotte unterschreiten jedenfalls die Lärmwerte ihrer TriStar-Vorgänger um sechs Dezibel. Piloten und Passagiere erleben es jeden Tag. Cipriano Kritzinger, der fröhlich-forsche A330-Flottenchef der LTU, bringt die Qualität des ersten Verkehrsflugzeuges, das gleichzei-

tig die amerikanische und europäische Zulassung erhielt, auf den einfachen Nenner: »Es war schon erstaunlich. Es gab fast keine Probleme in der Einführungsphase dieses Flugzeuges. Wir sind wirklich überrascht, wie wenig Probleme dieses Flugzeug uns bereitet.« Das sagte er nach den ersten Test-Wochen. Nach einem halben Jahr konstatierte der frühere Segelflieger: »Ich gehe jetzt noch viel weiter: »Ein excellenter Wurf der Airbus Industrie. Besser geht es wohl kaum noch.« Die berühmten Kinderkrankheiten sind also bei diesem zweistrahligen Jet aus Toulouse, unmißverständlich formuliert, auf ein technologisch imponierendes Minimum reduziert worden. Cipriano Kritzinger, ein auf vielen Mustern erprobter und erfahrener Ausbildungskapitän, räumt freimütig ein: »Viele unserer ehemaligen TriStar-Piloten standen dem neuen Flugzeug anfangs sehr kritisch, teils sogar ausgesprochen voreingenommen gegenüber. Doch das hat sich längst gegeben. Diese kritische Distanz hat sich in große

LTU-Flottenchef Cipriano Kritzinger über "seine" A330: "Kritische Distanz verwandelte sich in große Zustimmung"

Zustimmung verwandelt. Viele sind richtiggehend begeistert.« Dabei ist die Umstellung manchem Flugzeugführer der führenden deutschen Chartergesellschaft – alle A330-Piloten der LTU kommen vom TriStar – keineswegs leicht gefallen: Waren in den dreistrahligen amerikanischen Flugzeugen

die Anzeigen der verschiedenen Systeme weitgehend getrennt, so ist beim Airbus alles in übersichtlichen Displays miteinander vernetzt. Das verlangt den Piloten natürlich eine neue Art des Denkens, der systematischeren und sorgfältigeren Mitarbeit ab. Gewissenhaftigkeit und Sorgfalt sind im Airbus-Cockpit unbedingt vonnöten. Aber wo gilt das nicht in der Luftfahrt?
Auf der anderen Seite aber – ein wichtiger Beitrag zur Sicherheit – ist die Arbeitsbelastung im Cockpit in allen kritischen Flugphasen wie beispielsweise vor allem Start und Landung deutlich niedriger als in herkömmlichen Flugzeugen. Die Piloten können sich in diesen Augenblicken wirklich auf die allerwesentlichsten Aufgaben konzentrieren, »weil die höhere Arbeitsbelastung schon auf die Phasen vor dem Start verlegt ist", stellt Flugkapitän Kritzinger fest. Der Mann, der es in 15 TriStar-Jahren auf rund 11 000 Flugstunden gebracht und inzwischen auch schon annähernd 1000 Stunden

Start frei für den treibstoffsparenden Twinjet A330 des Düsseldorfer Ferienfliegers LTU

die A330 geflogen hat, bringt ein praktisches Beispiel: »Wenn alle wichtigen Daten korrekt eingegeben sind, können Durchstartmanöver mit nur wenigen Handgriffen vollautomatisch bewältigt werden.« Daß alle Aufgaben und Manöver auch manuell geflogen werden können, mag konservative Gemüter beruhigen, aber die neue

Generation der Flugzeugführer nutzt sowieso die gegebenen Chancen, alle Pflichten vorher zu erfüllen, um dann nur noch wenige Knöpfe drücken und ein paar Schalter bedienen zu müssen. Ein so erfahrener Flugkapitän wie Cipriano Kritzinger, der immer wieder jungen Piloten den Weg in die digitale Welt des Airbus A330 ebnet, hebt aber vor allem die hohe Sicherheits-Qualität des Flugzeuges hervor: »Besonders bei schwierigen Schlechtwetteranflügen ist dieser Jet wesentlich besser beherrschbar als Flugzeuge früherer Generationen. Man braucht sich weniger mit dem Fliegen zu beschäftigen – da hilft die moderne Elektronik – sondern kann sich mehr auf die eigentliche Flugführung konzentrieren.« Für Cipriano Kritzinger ein klares Plus zur Verbesserung der Sicherheit in kritischen oder schwierigen Situationen.

Der Südtiroler Kritzinger, der inzwischen die deutsche Staatsbürgerschaft erworben hat, darf sich dieses fachlich fundierte Urteil erlauben. Es gibt nur wenige Chef- und Ausbildungspiloten in Europa, die ihren Weg so konsequent gegangen sind wie dieser Mann, der buchstäblich von der Pike auf »gedient« hat und am Ende auf dem Chefsessel gelandet ist. Nur wenige seiner Kollegen wissen, daß der LTU-Flottenchef einst im Segelflugzeug- und Motorseglerbau bei Scheibe in Dachau und später eineinhalb Jahre lang bei MBB in der Endabnahme und Fertigungskontrolle tätig war und Ende der 60er Jahre über den Segelflug und die private Motorfliegerei in Augsburg Schritt für Schritt den Weg zu den »Großen« zwischen Himmel und Erde gefunden hat. Die Frage nach den Stärken der A330 beantwortet Cipriano Kritzinger, Jahrgang 1940, sofort: »Erstens das pilotenfreundliche komfortable Handling – für die Piloten ist die Arbeitsbelastung drastisch reduziert – und zweitens der ganze Bereich Wartung. Dieses Flugzeug ist wirklich für die Zukunft ausgelegt. Ich weiß nicht, ob es heutzutage noch ein anderes Verkehrsflugzeug gibt, das so wartungsfreundlich ist. Und dann der optimale Treibstoffverbrauch. Da freuen sich unsere Kaufleute.« Die Gegenfrage lautet klipp und klar und unmißverständlich: »Und was ist verbesserungswürdig an diesem Jet?« Da stockt Cipriano Kritzinger und kommt tatsächlich ins Grübeln: »Da muß ich ernsthaft nachdenken. Da fällt mir momentan einfach nichts ein. Was zu verbessern wäre? Wenn es Sachen gibt, die zu verbessern wären, dann wirklich nur marginale Kleinigkeiten, Dinge, es in anderen Flugzeugen noch gar nicht gibt. Nein, dieses Flugzeug ist schon irgendwie optimal."

Drei Airbus-Piloten der LTU: Rudolf Lehrburger, der schwedische "Gastarbeiter" Axel Alegren und Wolfgang Halbey (von links nach rechts)

Noch deutlicher wird sein Kollege Axel Alegren, Kosmopolit par excellence, Flieger aus Passion und – nimmt man es ganz genau – überall zu Hause. Vor allem in Schweden, Deutschland und Frankreich. Axel Alegren, Jahrgang 1945, hat einen schwedischen Vater und eine deutsche Mutter, lebte jahrelang in Japan, wo er die deutsche Schule bsuchte – »Da war mein Vater für SAS tätig und weckte meine Begeisterung für die Fliegerei« – und fand 1971 über die

Bremer Verkehrsfliegerschule den Weg zur Deutschen Lufthansa. Mit 20 Lenzen war der junge Schwede einst der jüngste Boeing-737-Copilot der Deutschen Lufthansa. Der ehemalige schwedische Luftwaffenpilot, der in der »Pilotenbäckerei« in Bremen zum Linienflugzeugführer ausgebildet wurde, lebt heute in Toulouse. »Ausgeliehen« für drei Jahre von den Kranichfliegern als Ausbildungskapitän an die Airbus Industrie. »Wenn es nach mir geht, würde ich länger in Toulouse bleiben. Meine Arbeit macht mir unwahrscheinlich viel Spaß, ist abwechslungsreich und interessant. Viel besser als die Linienfliegerei.« Axel Alegren lacht: »Wenn es nach meiner Frau geht, die vorzüglich Französisch spricht, bleiben wir sowieso in Toulouse.« Der sprachkundige globetrottende Schwede, der mittlerweile auch mit rund 12 000 Flugstunden zu Buche steht, ist ein Glücksfall für die Airbus-Szene – und für alle Airlines, denen er bei der Ausbildung und Schulung ihrer Piloten mit Tatkraft, Können und Überzeugungskraft zur Seite steht. Sein geradezu temperamentvoll vorgetragenes Bekenntnis spricht Bände: »Ich finde, der A330 ist das mit Abstand schönste und vielleicht auch beste Flugzeug der ganzen Airbus-Familie. Elegant, viel Power, ein Flugzeug, das sehr gut zu führen und leicht zu handeln ist. Wenn ich Pferdezüchter wäre, würde ich sagen: Ein hoch im Blut stehendes Rennpferd mit viel Stehvermögen.« Seine Kollegen lächeln: »Da spricht der alte schwedische Luftwaffenmann.« Axel Alegren setzt noch einen drauf: »Gegen die A330 ist die vierstrahlige A340 richtig schwerfällig.« Das hören manche Airbus-Bauer sicherlich nicht ganz so gern.

Für den schwedischen Schulungskapitän gibt es ohnehin keine Zweifel: »Diesen modernen Airbus-Typen gehört die Zukunft. Das sieht man doch am besten an der Boeing 777. Da haben die Amerikaner dem Airbus schließlich fast alles nachgemacht.« Der Technikfreak und Flugkapitän Alegren provoziert lachend und unbekümmert: »Mit den Flugzeugen ist das wie mit den Autos: Die großen amerikanischen Schlitten haben viel Blech und große Motoren. Aber die europäischen Autos sind viel besser, effizienter und leistungsfähiger. So kommt es mir mittlerweile manchmal auch in der Luftfahrt vor.« Es scheint dem hochgewachsenen Schweden diebische Freude zu machen zu vergröbern, wenn er »seinen« Airbus in den Himmel hebt. Axel Alegren, der alle Airbus-Typen wie seine Westentasche kennt, als Toulouser »Leihgabe« inzwischen die Piloten von Cathay Pacific Airways genauso geschult hat wie Aer Lingus-, Alitalia- oder Malaysia Airlines-Kapitäne (Alegren: »Ich bin für alle da"), bringt seine Erfahrungen auf einen simple Formel: »Es ist erstaunlich, wie viele Aversionen gegen die modernen Jets aus Toulouse und Hamburg noch existieren, welche Fronten in vielen Airlines immer wieder aufgebaut werden. Bei der Lufthansa gibt es richtige 'Feindschaften'. Manchmal schlägt einem tatsächlich Haß entgegen. Unbegreiflich.«

Doch der Kosmopolit Alegren, der im Sommer 1995 sogar ein paar Wochen lang abermals – von der Airbus Industrie an LTU – »verliehen« worden war, weil die Düsseldorfer Ferienflieger zu wenig Kapitäne für ihre neuen Jets hatten, fühlt sich selbst bei den härtesten Auseinandersetzungen im Piloten-Korps über das »richtige« Flugzeug gewissermßen als eine Art Botschafter: »Ich versuche immer wieder zu vermitteln. Und die Existenz der Boeing 777 ist doch der beste Beweis, daß Airbus auf dem richtigen Wege ist. Nicht nur wegen des Fly-by-wire-Systems. Am Ende ist es sowieso immer wieder das Gleiche: Wenn die Kerle erst mal umgestiegen sind, verwandelt sich die anfängliche Skepsis ganz allmählich in Sympathie. Zuguterletzt ist es meistens pure Begeisterung und Euphorie. Dann begreifen diese Piloten, welche großartigen Informationssysteme der Airbus hat. Dann bekommen sie schnell einen Blick für das Wesentliche und auch für das Interessante. Seine Bildschirme sind wie ein gutes Nachschlagwerk. Nur, auch bei einem Lexikon muß man erst lernen, wie man mit ihm am besten umgehen kannt. Und das Sidestick ist dann überhaupt kein Problem mehr.«

Wahrscheinlich bedurfte es erst solch erfahrener und hochqualifizierter Piloten wie Axel Alegren – »Wir sind ein paar Instrukteure ähnlichen Kalibers. Zu unserem Team gehören beispielsweise auch Kapitäne von Northwest, Air Canada und Air France« – um die lange Jahre oft zu selbstsicher und schablonenhaft auftretenden Airbus-Ausbildungsteams in Europas »heimlicher Luftfahrt-Hauptstadt« Toulouse auf den nüchternen Boden der Realitäten zurückzuführen. Axel Alegren weiß, wovon er spricht: »Es geht überhaupt nicht darum, unseren 'Schülern' die Fliegerei beizubringen; das sind samt und sonders gestandene

Der erste von fünf A330 der LTU auf dem Flug von Düsseldorf nach Las Palmas

Piloten. Aber es geht darum, Piloten, die in ihrer überwiegenden Mehrheit von Flugzeugen alten technischen Zuschnitts kommen, mit der komplett neuen Technologie der `Digital-Fliegerei« vertraut zu machen. Und da gibt es natürlich himmelweite Unterschiede zwischen hochqualifizierten LTU- oder Lufthansa-Piloten einerseits und so manchem Flugkapitän aus der weiten Welt, der bislang auf der Fokker oder der Boeing-727 zu Hause war. Das wurde in Toulouse jahrelang von vielen nicht begriffen – zum Schaden dieser Industrie. Das kostete immer viel Renommee, wenn unvollkommen umgeschulte Piloten irgendwo in schwierigen Situationen überfordert waren.«

Für einen so weltweit erprobten Routinier wie den Schweden Alegren ist es »für alle Hersteller moderner Jets unbedingt notwendig, Verständnis für die ökonomischen Strukturen jener Länder aufzubringen, in die sie ihre Flugzeuge verkaufen. Sonst gibt es Komplikationen.

Ein nachgerade klassisches und symptomatisches Erlebnis war für Axel Alegren der Sudan, wo er fünf Wochen lang für Sudan Airways tätig war: »Das Hauptbüro des Flugplatzes bestand aus einem Blechschuppen und ein paar Hütten, keine Telefonverbindungen, kein Fax, keine modernen Buchungssysteme. Und trotzdem klappte am Ende alles irgendwie.« Doch dieses W i e war oft das eigentliche Problem. Doch wie man mit »seinem« geleasten Airbus A320 umging, ließ den schwedischen Flugkapitän verzweifeln: »Erst war das Flugzeug nach einem einheimischen Arzt getauft worden, doch als der Chef der Fluggesellschaft das sah, wurde die Flugzeugnase mit einem Spray übersprüht; mit Lösungsmitteln und Sandpapier wurde das Signum des `Konkurrenten` solange entfernt, bis auch der Originallack verschwunden war – und dann der Name des Airline-Direktors aufgetragen.« Noch schlimmer war die (manuelle) Beladung des neuen Twinjets aus Toulouse; Container und Waren wurden mitleidlos in den Frachtraum geworfen und krachten an Seitenwände und Luken. Axel Alegren: »Nach nur sechs Wochen war der fabrikneue teure Airbus reparaturbedürftig. Da haben auch die einheimischen Techniker gestöhnt.« Wer Flugzeuge baut und verkauft, muß auch solche Erfahrungen machen und daraus viel lernen....

Axel Alegren, der übrigens bei der Deutschen Lufthansa zu den Piloten gehört, die mit Begeisterung den populären Oldtimer »Ju 52« fliegen und der genauso engagiert auch jahrelang eine alte DC-3 geflogen ist, und seine multinationale Kollegenschar in Toulouse haben inzwischen viel geholfen, die Rückkoppelung zwischen Herstellern und Betreibern in aller Welt erheblich zu verbessern und auch Verständnis für die Nöte und Probleme vornehmlich der kleineren Airlines und ihrer Piloten zu wecken, die sich keine aufwendigen eigenen Ingenieur-Teams erlauben können: »Manche Probleme und vielleicht auch mancher Unfall wären nicht aufgetreten, wenn dieser Informationsfluß von Anfang an zügig und vorbehaltlos in beiden Richtungen geflossen wäre. Gottlob sind wir da inzwischen ein ganz großes Stück vorangekommen."

Wolfgang Halbey, einer der ersten der heute 45 Kapitäne und Copiloten der LTU, die in sechswöchigen Kursen im Airbus-Ausbildungszentrum in Miami vom TriStar auf die A330 umgeschult worden sind, bekennt heute freimütig: »Dieses Flugzeug ist sehr schön zu fliegen und selbst bei manueller Flugführung phantastisch. Aber man braucht eine ordentliche Ausbildung, um den Airbus A330 wirklich zu beherrschen. Man ist vor gewissen Überraschungen nie ganz sicher, die Computer haben eine derartige Fülle von Informationen gespeichert, daß man sich auf diese Welt nur langsam umstellen kann.« Doch auch Wolfgang Halbey, Jahrgang 1948, interessanterweise wie Axel Alegren ehemaliger Kampfflieger – »Ich war bei der Bundeswehr vor allem auf der 104« – und 14 Jahre, davon sieben Jahre lang als Kapitän den TriStar geflogen, räumt heute ein: »Zunächst war ich sehr kritisch, doch dann ging alles sehr schnell. Heute gibt es keine Zweifel mehr für mich: Fantastisch.« Rudolf Lehrburger dagegen, einer der ersten auf den »Großen Europäer« umgeschulten Copiloten der LTU, war vielen seiner Kollegen schon um Längen voraus, als die A330 in der deutschen Ferienflieger-Flotte auf der Tagsordnung stand, und erklärt jetzt lächelnd: »Ich habe mich schon immer stark mit Computern beschäftigt. Für mich war die Umstellung deshalb überhaupt kein Problem. Dieses Flugzeug ist doch viel angenehmer als alle anderen zu fliegen, seine Systemauslegung ist überzeugend und im übrigen kann man sich viel mehr auf die wichtigsten fliegerischen Aufgaben konzentrieren.«

Höhenflug in zivile Welten mit der Airbus-Familie

99 Jahre liegen zwischen den ersten zaghaften Versuchen mit kleinen Verbrennungsmotoren Geld zu verdienen, und dem mächtigen Triebwerksgiganten GE90, der Ende 1993 im Testzentrum Evendale im US-Bundesstaat Ohio beispielslose 100 000 Pfund Schub erreicht hat.
Der Bogen spannt sich von dem französische Ingenieur Louis Sequin, der 1895 in Gennevilliers eine kleine Werkstatt für Benzinmotoren installierte und am 6. Juni 1905 gemeinsam mit seinem Bruder Laurent die Motorgesellschaft Gnome gründete, die anfangs schon ab 1909 sehr erfolgreich die ersten Umlauf-Sternmotoren für Europas junge Flugzeugfirmen baute, bis zum großen erfolgreichen transatlantischen Triebwerkbündnis zwischen SNECMA und General Electric, der richtungweisenden Kraftquelle zwischen Himmel und Erde seit den frühen 80er Jahren.
Gnome war die Keimzelle – der

SNECMAs Erfolgsmodell wurde das berühmte CFM 56 - hier die 3C-Version

Das markante CFM56-5C2 Triebwerke einer A340 der Virgin Atlantic

Einzylinder-Motor, den Louis Seguin gemeinsam mit seinem Bruder Laurent später in Lizenz bei der 1892 gegründeten Oberursel-Motorenfabrik, einem der ältesten europäischen Hersteller für Verbrennungsmotoren, bauen ließ, der Anfang. Aus der Motorenfirma Gnome, aus der schon 1915 die größere Firma Gnome & Rhone entstanden war, wurde am 28. August 1946 die Societe Nationale d' Etude et de Construction de Monteurs d`Aviation (SNECMA) – die Oberursel Motorenfabrik war übrigens schon 1930 bei Klöckner Humboldt Deutz (KHD) gelandet. 1970 begegneten sich die »alten Bekannten« früherer Jahrzehnte wieder beim gemeinsamen Bau des militärischen Triebwerkes Larzac für den Alpha Jet.
Das war und ist symptomatisch: Europas und Amerikas Triebwerkindustrie ist seit Jahrzehnten miteinander verflochten. Jeder kooperiert irgendwann und irgendwie mit jedem. Im Grunde treten alle bedeutenden Triebwerkhersteller mal als Konkurrenten, mal als Kooperationspartner und mal als Lizenznehmer des anderen auf.
Die Wege von General Electric, Pratt & Whitney, SNECMA, Rolls Royce oder auch MTU, um beim markanten deutschen Beispiel zu bleiben, kreuzen sich ständig . Es gibt so gut wie kein wichtiges Triebwerk mehr, für das ein Unternehmen allein verantwortlich zeichnet. Ganz besonders gilt das für SNECMA : Das zu 97% staatliche Unternehmen , das ursprünglich fast nur militärische Kraftpakete gefertigt hat und das in den letzten Jahrzehnten zum drittgrößen Triebwerksbauer der Welt aufgestiegen ist – nicht zuletzt weil SNECMA und General Electric , im Gegensatz zu Pratt & Whitney, rechtzeitig den sich abzeichnenden Höhenflug der Airbus Industrie begriffen hatten und von dieser Aufschwung profitierten – verdankt seine heutige Größe vorrangig seiner effizierten Zusammenarbeit mit General Electric. 23 500 Beschäftigte zählt die SNECMA-Gruppe heute, 176 Airlines fliegen mit CFM – Triebwerken , 40 Luftwaffen haben ihre Flugzeuge mit Triebwerken französischer oder amerikanische-französischer Provenienz ausgerüstet.
Weit über 1000000 Quadratmeter bebaute Betriebsfläche sind die Gegenwart- vor knapp 90 Jahren, 1905, waren es 200 Quadratmeter Werksfläche und 50 Mitarbeiter in Gennevilliers, einem Vorort von Paris. Dieses Werk am Ufer der Seine ist bis heute die eigentliche Heimat von SNECMA geblieben, gilt als eine der Keimzellen der französischen Luftfahrtindustrie schlechthin und zeichnet sich durch modernste Produktionsverfahren, excellente Forschungslabors – vor allem für die Entwicklung neuer Werkstoffe einschließlich Keramik – und die Fähigkeit aus, hochwertigste Parts bis hin zu Triebwerksblättern mit einer Präzision bis zu 0,1 Millimetern Toleranz zu fertigen. Gennevilliers mit seinen modernen Gießereien und Schmieden repräsentiert die Technologie des 21. Jahrhunderts schlechthin. Die Gebrüder Louis und Laurent Seguin wären jedenfalls fassungslos – und sicherlich begeistert – würden sie heute wieder nach Gennevilliers kommen. Aber sie standen am Beginn. Der lange Weg der »Nationalen Forschungs- und Konstruktions-Gesellschaft für Flugmotoren“, deren militärischer Wertanteil heute nur noch bei rund 25% liegt – der zivile Anteil hat mit 75% , nicht zuletzt dank General Electric, längst dominierenden Charakter erlangt – zur heutigen Bedeutung und Größe war wechselvoll, schwierig und widersprüchlich. Und symbolisiert auf vielfältige Art auch die historischen politischen und wirtschaftlichen Probleme Europas im allgemeinen und Frankreichs im besonderen. Gnomeflugmotoren wurden erfolgreich ins Ausland verkauft und auch außerhalb Frankreichs – vor allem in Deutschland, Großbritannien und in den USA – in Lizenz gefertigt. So kam es, daß Gnome-Motoren im ersten Weltkrieg von (fast) allen Kriegsparteien benutzt werden konnten; auch der »Rote Baron« Freiherr von Richthofen flog einen mit einem Gnome-Sternmotor ausgerüsteten Fokker-Dreidecker. Es gibt eine bemerkenswerte Zahl: Frankreich produzierte im ersten Weltkrieg fast 100000 Flugmotoren, Deutschland lediglich 41000 und USA gar nur 6500.
Hatte Louis Sequin dem Unternehmen den Weg gewiesen, so wurde es von dem Ingenieur, Kriegsflieger und ideenreichen Unternehmer Paul-Louis Weiller in den 20er und 30er Jahren zu imponierender Größe geführt: Gnome & Rhone produzierte Flugmotoren für alle Welt – allen voran den 200 PS starken Jupiter, der auch bei Junkers, Heinkel und Dornier Verwendung fand – erwirtschaftete fast kontinuierlich Gewinne, kreierte eine bis dahin unbekannte mutige Sozialpolitik mit eigenen Lehrwerkstätten, Ferienheimen und Belegschaftsaktien und entging 1937 als eines der wenigen der französischen Unternehmen, die zur

Mit dem Airbus kehrte General Electric auf den Weltmarkt zurück: Das bewährte CF6-80A3 Triebwerk

Rüstungsindustrie gehörten, der Verstaatlichung. 1940 war Gnome & Rhone Frankreichs einziges Unternehmen , das Motoren von 1000 und mehr PS produzierte und so mit den großen amerikanischen , britischen und deutschen Flugmotorenherstellern – Daimler-Benz , BMW und Junkers – konkurrieren konnte.

Doch der deutsche Überfall auf Frankreich veränderte auch die französische Luftfahrtindustrie radikal: Gnome & Rhone wurde in das Rüstungsprogramm der Nazis integriert. Belegschaft und Gesellschaft blieben französisch . Ihre Arbeit wurde zum Drahtseilakt. Sie sollten Flugzeuge für die deutsche Luftwaffe bauen. Die einen kollaborierten , die anderen verübten, als Mitglieder der Restisance, Sabotageakte. Viele Spezialisten wurden als Zwangsarbeiter nach Deutschland verschleppt; Paul-Louis Weillner , zeitweilig vom Vichy-Regime eingesperrt, kehrte nie wieder zu Gnome & Rhone zurück. Nach der Befreiung im August 1944 standen die 15000 verbliebenen Beschäftigten in Gennevilliers, Limoges, Arnage und Argenteuil vor demolierten und zerstörten Werken. Stahltriebwerke hatten längst andere entwickelt und in die Luft gebracht. Notgedrungen wurden – beispielsweise – in Argenteuil und andererorts erst einmal Traktoren, Milchzentrifugen, aber auch Maschinenpistolen und vor allem Motorräder hergestellt. Immer wieder Motorräder. Motorräder statt Flugzeugmotoren. Die halb freiwillige, halb erzwungene Kollaboration mit den deutschen Besatzern hatte ungeahnte Folgen. Gnome & Rhone wurde, wie übrigens auch Renault, verstaatlicht und stleg als SNECMA wie ein Phönix aus der Asche zu nie gekannter Größe auf. Dabei, mit der Staatlichkeit von 97% , ist es bis heute geblieben. Waren 1986 schon einmal 13 Unternehmen auf die Privatisierungsliste gesetzt worden, woraus allerdings nichts wurde, so soll es jetzt doch ernst mit den Plänen werden. 21 Firmen, unter ihnen das Luftfahrtindustrieunternehmen Aerospatiale und Air France, sind die ersten Kandidaten; zu einer zweiten Liste mit neun Unternehmen, die später zur Privatisierung anstehen, gehört auch SNECMA.

Der Weg zur heutigen Bedeutung und Größe – SNECMA ist das einzige europäische Unternehmen, das komplette Antriebe für alle Bereiche der Luft – und Raumfahrt entwickeln und bauen kann – wurde in den 70er Jahren geebnet. Nach dem geglückten Experiment, mit Hilfe erfahrener deutscher »Beute – Ingenieure“, die später weitgehend in Frankreich integriert wurden, auf der Basis des Stahltriebwerkes BMW 003 das militärische ATAR-Triebwerk zu kreieren, mit dem vor allem die verschiedenen Mystere- und Mirage-Versionen ausgerüstet wurden, brachte der erste ernsthafte Versuch einer transatlantischen Kooperation wenig ein: Das 1959 mit Pratt & Whitney unterzeichnete Abkommen über das JTF 10 A-Triebwerk für Kampfflugzeuge und Senkrechtstarter hatte keinerlei ernsthafte Bedeutung. Imponierender war da schon das Abkommen mit dem britischen Triebwerkhersteller Bristol Siddeley über die Entwicklung und den Bau des Nachbrennersystems für das für damalige Verhältnisse spektakuläre Concorde-Triebwerk Olympus 593, auch wenn am Ende nur 90 Olympus 593 fertiggestellt wurden.

SNECMA hatte vorzügliche Arbeit geleistet.

1969 wurde zum Schlüsseljahr für SNECMA. Vor 27 Jahren wurde mit dem ersten Abkommen zwischen SNECMA und dem amerikanischen Industrieriesen General Electric, der ursprünglich fast ausschließlich militärische Triebwerke und im übrigen nie Kolbenmotoren für Flugzeuge gebaut hatte, sondern erst mit dem Düsenzeitalter ins Triebwerkgeschäft eingestiegen war, das Fundament zum bis heute einzigen ernsthaften und bedeutenden transatlantischen Joint Venture dieser Industrie gelegt. Die General Electric Company – ihre Gründung geht auf keinen Geringeren als Thomas Alva Edison zurück – fand über das 20-Tonnen-Schub-Aggregat CF6-50 für die mammutiöse »Galaxy », lange Jahre das größte Transportflugzeug der Welt, das Entree in die zivile Produktion. Mit dem CF6-50, einem Nachfolgemodell des CF6, und dem Airbus gelang »GE« der aufsehenerregende Durchbruch auf dem zivilen Markt. Für SNECMA gilt gleiches: An allen CF6-Kraftpaketen war und ist der französische Konzern mit 20% beteiligt.

Es ist eines der verblüffendsten Industriekapitel der Nachkriegszeit: Weil man bei Pratt & Whitney den Europäern nichts zutraute und dem Airbus keine Zukunft gab, verschlief das traditionsreiche Unternehmen buchstäblich den Aufstieg der »Airbus Familie« zur Nummer zwei im Weltmarkt – hinter Boeing. Daß Pratt & Whitney kurzfristig auch einmal ein SNECMA-Partner, als Part des riesigen Konzerns United Technologies (ehemals United Aircraft Corporation) zeitweilig zum Boeing- Konzern gehörte – später mußte man sich wegen der strengen amerikanischen Anti-Trust-Bestimmungen wieder trennen – macht die Historie noch grotesker. General Electric setzte auf den Airbus und wurde – gemeinsam mit SNECMA – mit Hilfe der Europäer wieder Marktführer in der Branche, in der jahrelang Pratt & Whitney fast allein regiert hatte. Heute fliegen weltweit über 1400 Jets – DC-10 und MD-11, Airbusse A330-600 und A310 sowie die verschiedensten Boeing-767- und Boeing-747-Versionen – mit Hilfe von CF6-Triebwerken ; die Palette reicht vom uralten Grundmodel CF6-6 bis zum modernen Kraftpaket CF6-80E für den neuen Twinjet Airbus A330 für die Air France-Tochter Air Inter.

Was sich bereits beim CF6 bewährt hatte, erreichte dann bei der völlig neu entwickelten Triebwerksfamilie der 10-Tonnen- Schubklasse eine ganz neue Industriequalität: 1971 wurde – auf paritätischer BASIS – die Entwicklung und der Bau dieses Triebwerkes beschlossen, das erstmals bei der DC-8-Super 70 Verwendung fand. Es war der Anfang einer beispielslosen Erfolgsstory, die einen Namen hat: CFM International, ein Unternehmen, das zu gleichen Teilen SNECMA und General Electric gehörte. In den USA und in Frankreich wurden eigene Vermarktungsgesellschaften gegründet. Das Ergebnis läßt sich längst sehen : CFM-Triebwerke treiben rund um den Globus über 2100 Twinjets an – allen voran die Boeing-737-Versionen 300, 400 und 500 sowie den Airbus A320 und seine verlängerte Version A321 – und wurden auch von vielen renomierten Flugzeuggesellschaften, als modernstes Kraftpaket CFM56-5c, für den vierstahligen Airbus A340, den »Großen Europäer“, ausgewählt. Beispielsweise von der Deutschen Lufthan-

sa, Air Nippon, Austrian Airlines, Iberia, Kuwait Airways, Royal Jordanien und der Icelandair. Sechs Werke komplettieren SNECMA – ohne die Töchter SEP, Messier-Bubatti, Hispano-Suiza, Sochata und Techspace Aero. In dem 1989 in Betrieb genommen Werk in Villaroche sind vor allem die Entwicklung, die Endmontage, die früher in Corbeil erfolgte, und die Prüflaufe untergebracht. Corbeil, wo 1966 auf einer Fläche von über 180 000 Quadratmetern in der Nachfolge des alten Werkes Boulevard Kellermann ein neuer Betrieb entstand, konzentriert sich vorrangig auf Forschung und Fertigung und im Traditionswerk von Gennevilliers sind aufwendige Schmieden und Gießereien, die mit den modernsten Techniken arbeiten, zu Hause. In Suresnes ist die automatisierte Fertigung von Laufschaufeln konzentriert und in Istres befindet sich das genauso berühmte wie traditionsreiche Flugerprobung- und Flugversuchszentrum; zudem werden in Istres aber auch umfangreiche Umweltverträglichkeitsprüfungen durchgeführt.
SNECMA und seine Töchter – gehören heutzutage zu Frankreichs führenden Industrieimperien. Vieles, was in den vergangenen Jahrzehnten entwickelt und gefertigt wurde, errang dauerhaften Weltruf. Manches brachte nur Rote Zahlen, manche Programme waren auch von vornherein zum Scheitern verurteilt. Ein einst sehr populäres von Gnome & Rhone übernommenes Produkt aber wurde in den 50er Jahren endgültig von SNECMA aufgegeben: Motorräder, Motorroller und Fahrräder aller Art und in allen PS-Stärken waren kein Geschäft mehr.

Eine alte Boeing-707 aus Abu Dhabi wies neue Wege

Die Geschichte klingt wie ein Märchen aus Tausendundeiner Nacht. Und sie spielte und spielt auch tatsächlich im klassischen Morgenland und in der fernen Inselwelt Südostasiens, in den Reichen des Emirs von Katar, Scheich Khalifa bin Hamad Al-Thani, und des Sultans Haji Hassan al-Bolkiah Mu`izzaddin Waddaulah von Brunei, der als der reichste Mann der Welt gilt und der im übrigen der Fliegerei mit allen Facetten leidenschaftlich und engagiert verbunden ist. Genauso übrigens wie der Emir des Scheichtums von Katar im Arabischen Golf. Vor allem aber spielt diese Geschichte, die ein modernes Märchen und gleichzeitig doch pure Wirklichkeit ist, auch in der renommierten und weltweit für ihre Qualität gerühmten Werft der Deutschen Lufthansa am Weg beim Jäger 193 in Hamburg-Fuhlsbüttel. Weil die einen ihr Handwerk vorzüglich verstehen und bei den anderen das Erdöl sprudelt, wuchs zwischen der Elbe, dem arabischen Katar und der »Stadt der Glorreichen im Ruhestand« – so lautet die wörtliche Übersetzung für Bandar Seri Begawan, die gut 50 000 Einwohner zählende Hauptstadt des Sultanats Brunei im Nordosten von Kalimantan, wie Borneo heute heißt – eine feste Allianz, die allen Beteiligten gut gefällt und allen ordentlichen Gewinn bringt.
Wenn heute zwei moderne vierstrahlige A340 – neben ein paar anderen erstklassigen Jets – in den weiß-gelben Farben der 1975 gegründeten Royal Brunei Airlines und in Braun-Weiß für Qatar Amiri Flight rund um den Globus fliegen und auf ihre Art vom Glanz und Reichtum dieser über alle Maßen vermögenden asiatischen Kleinstaaten künden, dann werben sie als »Fliegende Juwelen« auch gleichzeitig für den europäischen Hersteller Airbus Industrie und für die Lufthanseaten, die »normale Jets« in imponierende VIP-Flugzeuge verwandelt haben. Und das in einem Tempo, das niemand noch vor wenigen Jahren für möglich gehalten hat. Letzteres ist vielleicht das eigentliche Wunder. Der Anfang war im Grunde unmöglich und verrückt. Ein ehemaliger Lufthansa-Kapitän, der eine zwar immer noch tüchtige, aber doch schon recht betagte Boeing-707 für das Emirat Abu Dhabi flog, meldete sich 1978 in Hamburg-Fuhlsbüttel mit der »Schnaps-Idee« – so wörtlich ein Lufthansa-Ingenieur – den vierstrahligen Jet in ein VIP-Flugzeug umbauen zu lassen. Lufthansa-Manager Jürgen Wilken, der nach seinem Maschinenbaustudium acht Jahre lang für die heute zur Deutschen Aerospace (DASA) gehörende Raumfahrt-Firma ERNO in Bremen gearbeitet hatte und 1972 zur Lufthansa nach Hamburg gewechselt war, erinnert sich mit einer Mixtur aus Erschrecken, Grausen und sehr viel Stolz. »Erst einmal haben uns alle abgeraten, auch im eigenen Unternehmen. `Da könnt Ihr nur Schiffbruch erleiden` wurden wir von vielen Seiten gewarnt", erinnert sich Diplom-Ingenieur Jürgen Wilken, der heute für das lukrative VIP-Geschäft bei der Deutschen Lufthansa verantwortlich zeichnet. »Die Warnungen waren nicht einmal unbegründet, wir hatten kei-

nerlei Erfahrung und viele sahen in Umrüstungsarbeiten dieser Art keinerlei Sinn und vor allem keine Möglichkeiten, dabei auch noch Geld zu verdienen.« Jürgen Wilken sinniert, wenn er die Vergangenheit Revue passieren läßt: »Die VIP-Flugzeuge gehören heute zu den ganz wenigen Bereichen, womit wir wirklich vernünftiges Geld verdienen.“
1978 sah das allerdings wirklich ganz anders aus. Die Boeing-707 war ein Unikum. Ihre Betreiber hatten das Flugzeug nach eigenen grotesken Vorstellungen – Jürgen Wilken: »Fast so wie im Schiffbau« – schon umgerüstet. Dabei waren grundsätzliche flugtechnische Gesichtspunkte außer Acht gelassen, Schwerpunktprobleme nicht berücksichtigt und Mobiliar eingebaut worden, bei dem niemand an solche elementaren Fragen wie Gewicht, Entflammbarkeit oder Luftzirkulation auch nur im Ansatz gedacht hatte. Groteskes Beispiel: Die Duschen und Wasserleitungen waren nicht isoliert, froren natürlich ein und platzten schließlich, als die

A340 "State of Qatar" - ein fliegendes Märchen aus Tausendundeiner Nacht

Boeing-707 größere Höhen erreichte. Jürgen Wilken: »Es war wirklich verrückt.« Aber die Lufthanseaten übernahmen trotzdem den Auftrag, schafften den Umbau in einem halben Jahr – Jürgen Wilken: »Normal waren damals zwölf Monate für solche Arbeiten« – und ernteten sehr viel Beifall und Respekt. »So unglaublich es heute

vielleicht klingt", erzählt Jürgen Wilken, »uns brachte die Umrüstung dieser Boeing-707 den Durchbruch auf diesem Markt. Wir haben damals wahrhaftig Pionierarbeit geleistet, unsere Teams haben sehr viel gelernt und unsere Kunden waren begeistert, auch wenn wir manchmal kaum wußten, wie es weitergehen sollte. Unser größtes Plus waren unsere Ressourcen und die Qualität und das Engagement unserer Mitarbeiter."
Gut 18 Jahre sind seitdem ins Land gegangen. Die Deutsche Lufthansa ist heute im wichtigen VIP-Geschäft eine dominierende Größe. Rund 200 sogenannte VIP-Flugzeuge gibt es rund um den Globus, mehrheitlich Langstreckenjets der Airbus Industrie und von Boeing. Die Palette reicht von den Vereinigten Arabischen Emiraten in Abu Dhabi mit einer Boeing-737, zwei A300-Airbussen und einem Jumbo über die Jets aus Dubai, die großen vierstrahligen Langstreckenflugzeuge Saudi-Arabiens und die imponierenden »Luxus-Clipper« aus Brunei bis hin zu den Regierungsflugzeugen ägyptischer oder deutscher Provenienz, den Jets der Bonner Flugbereitschaft, und endet nicht bei den Flugzeugen des Iran. Schon der Schah war ein zuverlässiger Kunde in Hamburg-Fuhlsbüttel, die Islamische Republik des Iran mit dem »Wächterrat« ist es bis heute geblieben. Was in Teheran allein zählt, sind Zuverlässigkeit und Sicherheit am Himmel. Made in Germany, made in Fuhlsbüttel.
„Es ist für uns eine unglaubliche Auszeichnung und eine Anerkennung, daß der reichste Mann der Welt mit seinen Flugzeugen nach Deutschland geht, nicht zu British

So fliegen Präsidenten, Könige und VIPS. Industrial Design-Entwurf der Daimler-Benz Aerospace Airbus

Airways und nicht nach Singapur oder nach Japan, was ja naheliegend wäre", stellt Jürgen Wilken mit verständlichem Stolz zur inzwischen schon symptomatischen Allianz mit dem Sultanat Brunei fest. Wobei allerdings angemerkt werden muß: British Airways betreibt lediglich die Instandhaltung von VIP-Flugzeugen, nicht wie die Lufthansa auch die Erstausrüstung. Das Vertrauen, das der Sultan von Brunei in die deutsche Fliegerei setzt, geht noch viel weiter: Vier Airbus A340-Piloten, unter ihnen die erfahrenen Trainingskapitäne Klaus Seidel und Franz Wohl, und vier qualifizierte Lufthansa-Techniker sind von dem deutschen Staatscarrier jeweils für ein Jahr lang nach Brunei geschickt worden, fliegen den vierstrahligen Jet des Sultans, leben mit ihren Familien in prächtigen Villen und sind lediglich verpflichtet, jederzeit startklar zu sein. Denn das ist nie ganz auszuschließen: Wenn der Sultan (Jürgen Wilken: »Ein sehr gebildeter und sympathischer Herrscher") wieder einmal eine Woche »Enthaltsamkeit« von der Fliegerei erdulden mußte, kann es vorkommen, daß die deutschen Piloten kurzerhand aufgefordert werden, ein paar Stunden in die Luft zu gehen...

VIP-Flugzeuge sind längst ein interessantes Geschäft für alle geworden, die sich darauf verstehen. Die preiswerteste Kategorie sind die sogenannten Exekutiv-Jets; mehrheitlich handelt es sich dabei um Regierungsflugzeuge. Doch auch da fallen gewöhnlich schon 10 bis 20 Prozent Kosten vom Grundpreis des Flugzeuges an. Deutlich teurer wird es bei jenen VIP-Flugzeugen, wie sie vornehmlich im Nahen Osten, aber auch in anderen Regionen der Erde üblicherweise eingesetzt werden. Da muß man schon mit einem Aufschlag von 50 bis 60 Prozent des Flugzeugpreises rechnen. Kostet ein Airbus A340 gewöhnlich gut 100 Millionen Dollar, so rechnet sich das bei einer VIP-Version schnell auf 150 bis 160 Millionen Dollar hoch.

Doch es gibt auch VIP-Flugzeuge – König Fahd bin Abdul-Aziz As-Sa`ud von Saudi-Arabien gebietet über derartige Jets – die praktisch das Doppelte kosten. Das wächst sich dann schnell in schier unvorstellbare Dimensionen aus. Denn wenn ein Jumbo aus dem amerikanischen »Fliegerstädtchen« Everett heute gut und gerne 150 Millionen Dollar kostet, dann muß eine solche umgerüstete Boeing-747 mit annähernd 300 Millionen Dollar angesetzt werden. Oder 420 Millionen Mark. Stolze Preise. Wo das Erdöl fließt...

Jürgen Wilken weiß, welches Erschrecken solche Zahlen auslösen können: »Aber das ist so. Geld spielt da keine große Rolle. Es gibt immer wieder Menschen und Mächte, die sich alles erlauben können und die bereit sind, jeden Preis zu zahlen, wenn die Qualität stimmt.« Auf der anderen Seite stellt der Lufthansa-Manager sachlich fest: »Die Kosten rechnen sich da auch sehr schnell hoch. Praktisch bauen wir doch immer fast ein neues Flugzeug, schaffen wir ein Unikat. Da gibt es keine Serienfertigung und keine Schablonen. Und jeder hat ganz andere Wünsche und Vorstellungen.« Die Ausrüstung eines VIP-Flugzeuges dieser Dimensionen reicht von der Integration aufwendiger Kronleuchter von 3000 Watt und einem Gewicht von 800 Kilogramm, die notfalls selbst bei schwersten fliegerischen Manövern das 16fache ihres Eigengewichts aushalten, über die Probleme der elektrischen Aufladung der teuren Teppiche bis zur präzisen Installation aufwendigen Mobiliars, damit um Himmels willen keine Schwerpunktprobleme auftreten. Und brennbar dürfen die wertvollen Sessel und Sofas natürlich auch nicht sein. »Im Grunde ist es natürlich ein Widersinn in sich, ein Flugzeug zu 'möblieren`, aber schaffen tun wir das inzwischen allemal", bestätigt Jürgen Wilken.

Der vierstrahlige Airbus A340 »State of Qatar",mit dem amtlichen Kennzeichen A7-HHK, der exakt 13 Monate lang in der Lufthansa-Werft in Hamburg-Fuhlsbüttel vom »grünen Flugzeug« in eines der attraktivsten VIP-Flugzeuge verwandelt worden ist, das je flügge wurde, ist symptomatisch. Als die »State of Qatar« am 1. Juni 1993 in Hamburg eintraf, war sie ein Jet wie viele andere. Als das Flugzeug nach über 300 000 Mannstunden abgeliefert wurde, hatten die Lufthanseaten tatsächlich ein fliegendes Märchen aus Tausendundeiner Nacht geschaffen. Und als der erste rot-weiße Airbus A340 in VIP-Konfiguration am 14. Juli 1994 seinen Dienst aufnahm, waren alle zufrieden, vor allem die Männer der Qatar Amiri Flight. In gut 300000 Mannstunden – das ist mehr als vier D-Checks! – waren im Vorderteil des Jets ein modernes Kommunikationszentrum, ein türkis-graues elegantes Schlafzimmer – die meisten Räume und Salons sind in diesem Ton gehalten – und ein großzügiges Badezimmer mit einem Waschtisch aus Naturmarmor aus Frankreich eingebaut worden. Im Mitteltrakt

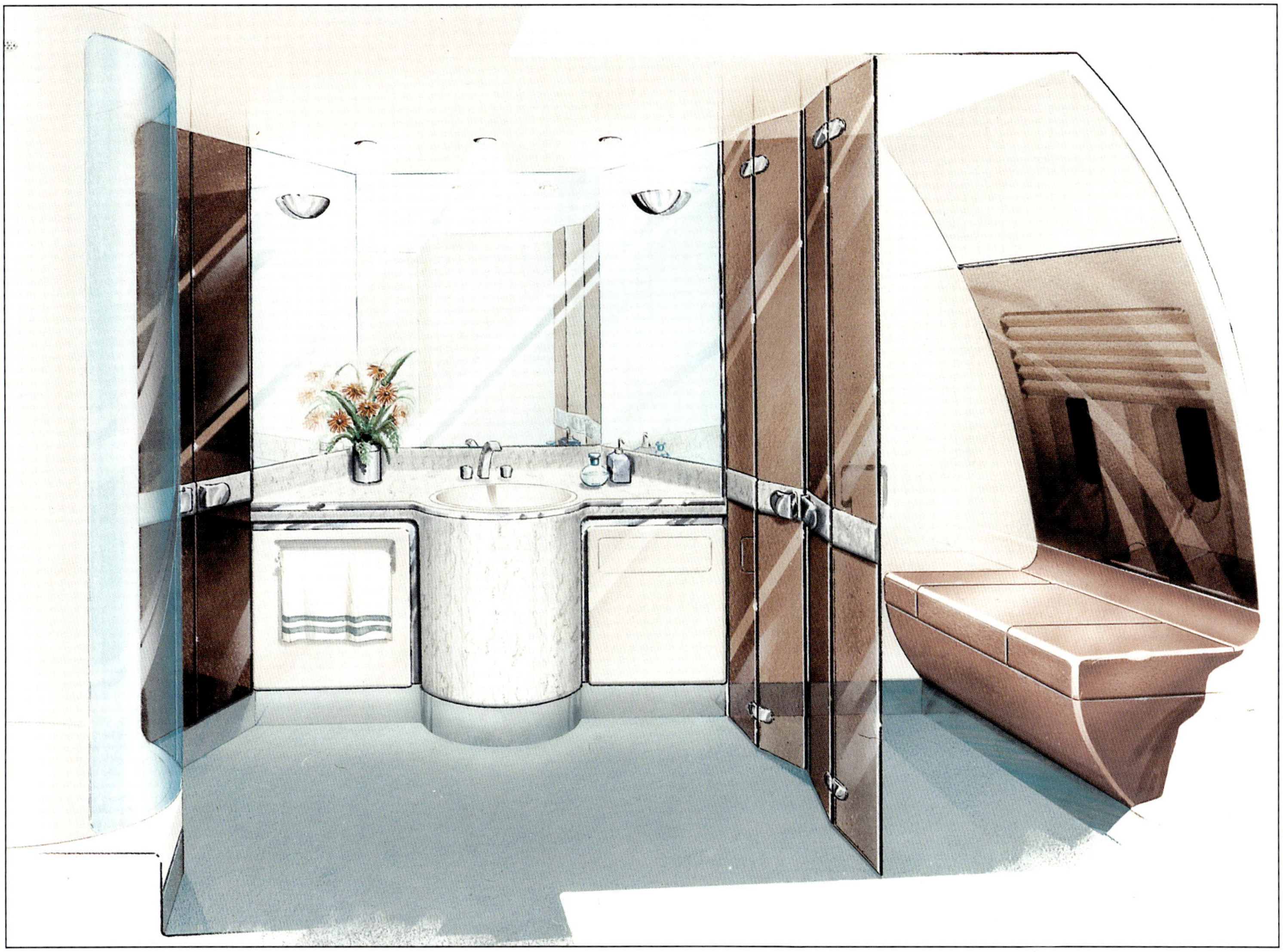

befinden sich der etwa sieben Meter lange Dining Room, ungefähr auf der Höhe der Tragflächen, ein höchst eigenwillig gestalteter Konferenzraum mit 14 Plätzen, an dem der Emir immer allein an der Spitze residiert, und ein Salon mit sechs bequemen Sofas. Im Heck gibt es noch eine Standardkabine mit 30 First Class-Sesseln und 32 Business Class-Plätzen fürs Begleit- und Wachpersonal. Komplettiert wird alles durch einen Dusch- und Waschraum für Gäste, ein Arbeiszimmer mit modernsten Kommunikationseinrichtungen und zwei Frisch- und Abwassertanks von je 350 Litern Fassungsvermögen. Und schließlich ist im Unterflurbereich noch Platz für eine große Luxuslimousine.

Das alles verlangte eine doch weitgehend neue technische Logistik, angefangen von gänzlich neu zu verlegenden Rohrsystemen und dem komplizierten Problem der Luftströme – jeder Raum erhielt eine weitgehend eigene Temperaturregelung – bis hin zu den tragenden Deckenstrukturen, die im Detail übrigens denen der deutschen A310-Regierungsflugzeuge entsprechen, und der strikten Kontrolle allen Mobiliars auf Brennbarkeit und Entflammbarkeit. »Manchmal haben wir wirklich geglaubt, wir bauen in Hamburg

Noblesse auch in 12 000 Meter Höhe: Der Phantasie der Hamburger Airbus-Designer sind kaum Grenzen gesetzt

ein neues Flugzeug", bekennt der junge Projektmanager Steffen Koch, der nie etwas dem Selbstlauf überließ und der ein gutes Jahr lang jedes Detail kontrollierte und prüfte, nachdem Lufthansa-Ingenieure schon 1992/93, also im weiten Vorfeld, im Rahmen des bereits 1990 abgeschlossenen »Cabin Construktion & Installation"-Basisvertrages die Bauaufsicht bei der Airbus Industrie geführt hatten. Und um jedem Ärger mit dem wertvollen Kunden aus dem Weg zu gehen, wurde die »State of Qatar« in den letzten vier Monaten ihres Aufenthaltes in ihrer Werfthalle in Hamburg-Fuhlsbüttel hermetisch abgesperrt und streng bewacht. Nur qualifizierte und zur Vertraulichkeit und Verschwiegenheit verpflichtete Lufthansa-Mitarbeiter hatten in dieser »heißen Phase« Zutritt zu dem Airbus A340 aus dem Arabischen Golf. »Das sind wir unserem Kunden einfach schuldig", betont Lufthansa-Manager Jürgen Wilken, »schließlich läßt sich kein Mensch gern ins Schlafzimmer blicken.« Dergleichen Abschottung ist übrigens bei allen VIP-Flugzeugen in aller Welt üblich – nicht nur in Hamburg-Fuhlsbüttel
Auch in den nächsten Jahren werden Lufthansa und Qatar Amiri Flight eng und vertrauensvoll zusammenarbeiten: Die A340-Piloten der Qatar Amiri Flight werden nach Lufthansa-Kriterien ausgebildet; ihnen werden das Know how und jene spezifische A340-Qualifikation vermittelt, die die Flugkapitäne der deutschen Airline auszeichnet. »Auch daran kann man erkennen, wie groß das Vertrauen ist, das uns entgegengebracht wird.« Die Luftfahrt-Manager aus dem Emirat haben sich – wie der Sultan von Brunei – für das ganze teure »Paket« entschieden: VIP-Flugzeug, Ausbildung und komplette Betreuung. Dieser Airbus A340 wird auch künftig im Rahmen des »Total Technical Support« von der Lufthansa betreut werden. Wenn schon, denn schon. »Und Ende der 70er Jahre wurden wir noch davor gewarnt, selbst aus den eigenen Reihen, uns um diese `brotlose Arbeit` zu bemühen.« Jürgen Wilken lacht nach dem Motto: Wer zuletzt lacht, lacht am besten. Das ist die eine Wahrheit. Schließlich sicherte dieses Kundengeschäft mit einem Volumen von nicht weniger als 879 Millionen Mark allein im Jahre 1993 wertvolle Arbeitsplätze auf hohem Niveau. Die andere Wahrheit aber heißt: Kein moderner Jet scheint sich tatsächlich so gut wie der Airbus A340 in der Nachfolgerolle der über viele Jahrzehnte hinweg erfolgreichen vierstrahligen Boeing-707 als VIP-Flugzeug zu bewähren wie der »Große Europäer". Und das hat gleich mehrere Gründe. Es ist erstens die globale Reichweite, die den Kunden jeden »Fluchtpunkt« auf dem Erdball ohne Schwierigkeiten erreichen läßt. »Zweitens ist der Airbus A340", so Jürgen Wilken, »extrem leise.« Und schließlich liegt der vierstrahlige Jet dank seiner extrem großen Flügelspannweite auch bei kräftigen Turbulenzen ruhig in der Luft. Jürgen Wilken, der sich mit VIPs und ihren Wünschen und Vorstellungen längst bestens auskennt, lächelt: »Und manche Kunden gucken auch auf die vier Triebwerke. Das flößt ihnen Vertrauen und Sicherheit ein, auch wenn wir heutzutage natürlich alle wissen, wie sicher die heutigen Twinjets dank der Zuverlässigkeit der modernen Triebwerke sind."

Das Flugzeug mit der größten Klappe

13. September 1994:
Der »Weiße Wal« fliegt. Vier Stunden und 22 Minuten dauert der Jungfernflug des Super Guppy-Nachfolgers über Südfrankreich zwischen der Biskaya und den Pyrenäen. Und alle sind begeistert. Allen voran der 59jährige französische Kommandant Gilbert Defer, ein ehemaliger Concorde-Testpilot mit der Erfahrung von 13 500 Flugstunden, und der deutsche Entwicklungschef der SATIC (Special Aircraft Transport International Company), Udo Dräger, der sich schon Ende der 60er und Anfang der 70er Jahre einen guten Namen bei der Entwicklung der VFW 614, dem ersten je in der Bundesrepublik entwickelten und gefertigten Düsenverkehrsflugzeug, gemacht hatte. Udo Dräger und Gilbert Defer drücken sich fest die Hände. Kameras klicken, Fernsehteams verbreiten Hektik. Eine kurze Umarmung. Zwei Männer, die nicht viele Worte zu machen brauchen. Der perfekte Erstflug spricht für sich.
Viele, die die längst legendäre Super Guppy, das kuriose Flugzeug, das sperrige Airbus-Teile kreuz und quer durch Europa transportiert, je haben fliegen sehen, haben immer wieder verblüfft den Kopf geschüttelt und verwundert gefragt: »Und so was fliegt?« Seit über zwei Dutzend Jahren hat dieses exotisch wirkende viermotorige Transportflugzeug, von seinen Piloten auch liebevoll »fliegender Rucksack« genannt, die Produktionsstätten der eu-

Der "Delphinapterus leucas" gab dem Flugzeug mit der größten Klappe den Namen: Beluga

ropäischen Airbus Industrie in Bremen, Hamburg-Finkenwerder, Toulouse, Manchester, St.Nazaire, Nantes und Neapel miteinander verbunden. Das rustikale Werkzeug, mit dem die großen Airbus-Teile an die Orte der Endmontagelinien in Toulouse und Hamburg-Finkenwerder gebracht werden, aber war allmählich in die Jahre gekommen. Und vor allem: Die Airbus-Typen wurden größer, die Flächen und Rümpfe sperriger. Kurzum: Die Super Guppy brauchte einen größeren Nachfolger.
Diesen Nachfolger gibt es jetzt, »Beluga« genannt. Und dieses Flugzeug wirkt noch verrückter, noch kurioser - und ist noch wirtschaftlicher. Und fliegt tatsächlich. Wobei es höchste Zeit wird, auch einmal - gewissermaßen am Rande - exakt zu erklären, warum der eine Transporter Super Guppy und der andere Beluga tituliert wurde. Die Guppy ist ein zierlicher Aquarienfisch aus der Karibik, der seinen lebend geborenen Nachwuchs im Maul transportiert. Und weil der »fliegende Rucksack« ein wenig größer ist als die bunten Fische aus Mittelamerika, wurde daraus die Super Guppy. So einfach ist das manchmal, wenn die Fantasie ins Kraut schießt. Beluga aber ist der Weißwal (Delphinapterus leucas) und hat seinen anderen Namen Belugawal vom Stör entliehen. Auf alle Fälle wird der Beluga den leistungsfähigen neuen Transportflugzeugen europäischer Provenienz eher gerecht als dem Vorgänger die lustige Bezeichnung Super Guppy. Und die Ähnlichkeit des Rumpfes des »Beluga« mit dem Maul seines Namensgebers aus dem feuchten Element ist fürwahr verblüffend.
Dieses Unikum von fliegendem Packesel, das dank seiner beiden mächtigen General Electric CF6-80C2A8-Triebwerke von je 26 760 kp Standschub immerhin 780 Stundenkilometer schnell ist - nicht mehr zu vergleichen mit der behäbigen viermotorigen Super Guppy - hat die größte Klappe aller Flugzeuge, das größte Frachttor, das auch die sperrigsten Güter wie Flügel und Rümpfe vom Airbus A330 und Airbus A340 schlucken kann. Das 56,16 Meter lange Transportflugzeug - der förmliche Name A300-600ST = Airbus A300-600 Super Transporter - mit einem Abfluggewicht von über 150 Tonnen kann 45,5 Tonnen laden. Hobby-Hochseesegler Udo Dräger, Jahrgang 1937, optimistisch: »Daraus werden später einmal 48 Tonnen.“
Nach dem gut vierstündigen Jungfernflug - Testpilot Gilbert Defer: »Wir waren vom Flugverhalten begeistert und hatten keinerlei Probleme. Die `Beluga` hat sich, wie erwartet uind erhofft, als gutes und gutmütiges Flugzeug erwiesen« - begann in Toulouse Schwerstarbeit. 400 harte Flugversuchsstunden waren notwendig. Udo Dräger: »Und alles nur mit einem einzigen Flugzeug. Das war neu und ungewöhnlich und bereitete uns viele Probleme. Also blieb uns nichts anderes übrig, als auf 50 Flugstunden im Monat zu kommen, um die pünktliche Zulassung zu sichern.« Denn die Airbus Industrie braucht die vier Transporter aus existentiellen sprich Kostengründen. Jedes Jahr - bis 1998 - soll jetzt ein »Weißer Wal« in Dienst gestellt werden. Vielleicht werden es sogar fünf. Europas und Amerikas Flugzeugbauer lernten jedenfalls - wieder einmal - das große Staunen. Das Dräger-Team fühlte sich mit Nachdruck in die Pflicht genommen und erfüllte sein sich selbst auferlegtes Soll mit geradezu preußischer Pünktlichkeit. Die als Interimslösung vorgesehene mächtige russische Antonow-124 kam - entgegen ersten Erwägungen - schließlich doch nicht infrage. »Also mußten wir unsere Zeitpläne exakt einhalten“, erzählt Udo Dräger. Leicht lächelnd zwar, aber die imaginären Schweißperlen ließen sich nicht von der Stirn wischen. Udo Dräger, der Programmleiter des eine Milliarde Dollar aufwendigen Projektes, und seine 180 Mitarbeiter schafften, was ihnen vorgegeben und von ihnen selbst als Maxime definiert worden war: Der erste »Beluga« sollte im Herbst 1994 fliegen und die Zulassung elf Monate später erreicht sein. Und alles, um kostenkünstiger produzieren, um mit der amerikanischen Konkurrenz mithalten zu können. »Wir verkürzen mit diesem Flugzeug unsere Transportzeiten erheblich und könnten damit unsere Kosten drastisch reduzieren.« Da lohnt sich selbst der Aufwand von einer Milliarde Dollar.
Schon Mitte 1991 wurde Udo Dräger, Vater dreier erwachsener Töchter, zum SATIC-Programmchef bestimmt worden. Das Konzept dieses Spezialtransportflugzeuges war von überzeugender Schlichtheit: Größer, moderner und leistungsfähiger als die Super Guppy, aber genauso praktisch, so schnell wie möglich und so preiswert wie möglich. Udo Dräger: »Und alles unter enormem Zeitdruck. Für uns wurde das wirklich und wahrhaftig Schwerstarbeit, wohlgemerkt für jeden von uns.« Die beste Lösung wurde in Angriff genommen: Produktionsfrische

Airbusse vom Typ A300-600R wurden und werden »umgebaut“. »De facto bauen wir neue Flugzeuge“, erklärt Udo Dräger. »Die A330-600R ist im Grunde nur das sogenannte Basisflugzeug.« Im Kostenvolumen von einer Milliarde US-Dollar sind auch die vier A300-600R-Basisflugzeuge enthalten - natürlich ohne Rumpfoberschalen und ohne alle Passagierutensilien. Udo Dräger wäre nicht Udo Dräger, wenn er nicht schon jetzt mit entwaffnendem Lachen imponierenden Optimismus verbreiten würde: »Und wenn wir mit unserer Arbeit fertig sind, dann überlegen wir uns, ob wir nicht noch ein paar Exemplare an die Konkurrenz oder an andere Interessenten verkaufen können, denn so einen modernen Transporter gibt es so schnell nicht wieder.« Daß auch die Airbus Industrie nach den einschneidenden Auftragsrückgängen Mitte der 90er Jahre - Folgen der sich in der Luftfahrt besonders dramatisch auswirkenden allgemeinen Rezession - ihr Fertigungsprogramm strecken mußte, hatte bemerkenswerterweise auf das Beluga-Programm keinen Einfluß. Eher umgekehrt war es, wie Udo Dräger erklärte: »Wir standen viel mehr unter Zeitdruck. Als endgültig fest stand, daß für uns keine Interimslösung

Selbst die sperrigsten Lasten - und seien es UN-Helikopter - nimmt der Airbus A300-600ST auf

infrage kam, mußten wir so schnell wie möglich anfangen und so schnell wie möglich fertig werden.« Man kann es auch so formulieren: Zum Segeln ist Udo Dräger in den vergangenen Jahren so selten wie noch nie in seinem Leben gekommen. So blieb als willkommener, aber doch nur bescheidener Ausgleich lediglich Joggen.

Die Maxime war geradezu simpel: Je eher der erste »Beluga« flügge wird, desto besser ist es für die Airbus Industrie. Udo Dräger: »Daß die Produktionsziffern nach unten korrigiert werden mußten, hatte für uns keine Bedeutung. Selbst diese niedrigeren Produktionsraten lagen schließlich immer noch über den früheren Produktionsdaten, von denen wir bei der Beluga-Planung einmal ausgegangen waren.« Das wird ohnehin oft in der Öffentlichkeit übersehen und irritiert viele: Die wirtschaftlichen Nöte vieler Airlines haben zwar zu Auftragstornierungen und Abbestellungen geführt, haben die jährlichen Produktionsraten in Toulouse und Hamburg-Finkenwerder sinken lassen und sogar zu Entlassungen und Sozialplänen geführt. Andererseits verlassen trotz alledem heutzutage mehr Flugzeuge per anno in Hamburg-Finkenwerder und Toulouse die Endmontagelinien, als selbst mutige Prognostiker aus dem eigenen Unternehmen Mitte der 80er Jahre für möglich gehalten hatten.

Der Mann, der heute untrennbar mit dem Erfolg des »Beluga« verbunden ist, gehört unbestritten zu den »Männern der ersten Stunde« des deutschen Flugzeugbaus nach dem Zweiten Weltkrieg. Einer der jungen Ingenieure, die sich verschworen hatten, wieder ordentliche Flugzeuge zu bauen. Wie sein dynamischer Freund Hartmut Mehdorn, wie Rolf Stüssel und viele andere. Nimmt man es ganz genau, dann lag Udo Dräger die Fahrerei allerdings eigentlich schon immer genauso sehr am Herzen wie die Fliegerei. Die Segelei kam später dazu, als er im Norden heimisch wurde. Besonders hat ihn ursprünglich die Welt der Automobile fasziniert. Dabei ist es bis heute geblieben. Das hat sozusagen historische Gründe: Udo Drägers Vater war Kraftfahrzeugmeister. Im westpreußischen Meseritz-Obrawalde unweit von Stettin. Und daß aus dem gelernten Maschinenschlosser, der einst, in den letzten Kriegsjahren, in Schneidemühl eingeschult wurde, einmal ein anerkannter und engagierter europäischer Flugzeugbauer werden würde, das ist ihm an der Wiege auch nicht gesungen worden. Das hat sich vor allem sein Vater sicherlich nie träumen lassen. Dem Maschinenbaustudium

Vom Programmchef der zweistrahligen deutschen VFW 614 in Bremen zum Baumeister des "Beluga": Udo Dräger

Ende der 50er Jahre in Bielefeld - ergänzt durch eine spätere Ausbildung an der Technischen Universität in Berlin - folgte schließlich ein »logischer« Schritt: 1960 heuerte Udo Dräger als Konstrukteur und Entwicklungsingenieur bei Focke-Wulf in Bremen an. Seine beruflichen Schwerpunkte: Fahrwerke und Fahrgestelle für die technologisch berühmt gewordenen Senkrechtstarter, mit denen das Bremer Traditionsunternehmen in jenen Jahren für Aufsehen in der Branche sorgte. Für Udo Dräger sprangen bei dieser Arbeit »nebenbei« noch ein paar Patente heraus.
So wichtig Udo Drägers erste Rolle in der deutschen Flugzeugindustrie für ihn selbst war, sie dauerte nur drei Jahre lang. Nach einem mehrjährigen Zwischenspiel als leitender Entwicklungsingenieur bei einem westfälischen Werkzeugmaschinenhersteller kehrte er 1967 nach Bremen zurück. Aus Focke-Wulf waren inzwischen die Vereinigten Flugtechnischen Werke (VFW) geworden. Zwischenzeitlich ein Part vom größeren Firmenkonsortium Messerschmitt-Bölkow-Blohm (MBB) ist heute alles unter dem großen Dach der Daimler-Benz Aerospace vereint. Es waren diese späten 60er und frühen 70er Jahre, die - nachwirkend bis heute - so wichtig und richtungweisend für die aufstrebende deutsche Luftfahrtindustrie wurden.
Gemeinsam mit seinem langjährigen Weggefährten Rolf Stüssel übernahm Udo Dräger die Verantwortung für das erste Düsenverkehrsflugzeug bundesdeutscher Provenienz, die berühmt gewordene zweistrahlige VFW 614. Von diesen Pionierjahren schwärmt Udo Dräger - mit gutem Grund - noch heute: »Wir waren wirklich ein Team, wie es in dieser Art nur ganz selten vorkommt. Wir waren engagiert, begeistert und hochmotiviert. Wir hatten den unbedingten Willen zum Erfolg. Wir wollten wirklich was ganz Neues in Deutschland für Deutschland machen.« Udo Dräger, der 1974 zum Programmleiter avancierte, lacht noch heute: »Dabei waren wir samt und sonders nicht mehr und nicht weniger als eine junge `Hochschulcrew`. Keiner von uns hatte je vorher ein Flugzeug gebaut.« Der Twinjet aus Bremen gedieh zur Serienreife und flog sogar in mehreren Ländern im Liniendienst.
Über 20 Jahre später ist das Urteil seiner »Väter« noch immer bemerkenswert. Udo Dräger: »Das Flugzeug hätte ein Erfolg werden können, nur verstanden wir es damals noch nicht, Flugzeuge zu verkaufen.« Sehr viel hat sich daran bis heute nicht geändert: Aufs Verkaufen der Flugzeuge verstehen sich die Franzosen nach wie vor besser als ihre deutschen Partner. Udo Drägers kongenialer Partner Rolf Stüssel: »Die Zeit für die VFW 614 war seinerzeit noch nicht reif. Aber wir waren mit der VFW 614 damals schon eine ganze Generation weiter als andere."
Richtig aber ist vor allem im Rückblick auf diese »wilden Jahre": Die jungen Ingenieure, die vor über 20 Jahren den »Bremer Jet« kreierten, wurden in den 90er Jahren zu Schlüsselfiguren der deutschen und europäischen Luftfahrtindustrie. Schließlich gehörte auch der langjährige Toulouser Airbus-Programmdirektor und damalige DASA-Luftfahrtchef Hartmut Mehdorn, unbestritten einer der kompetentesten Männer der Branche, zum Kreis dieser jungen »Himmelsstürmer". Mit Hilfe der letzten Endes glücklosen VFW 614 aber lernten die Deutschen nach dem Zweiten Weltkrieg wieder, ordentliche Flugzeuge zu bauen. Auch wenn Udo Dräger, der seine schon bei der Entwicklung der VFW 614 offen demonstrierte und immer wieder mitreißende Begeisterungsfähigkeit nun auch ins Beluga-Programm `rübergebracht und viele Mitarbeiter motiviert hat, selbst in jenen Jahren dem Fahren auf festem Boden immer verhaftet blieb. Davon künden nicht weniger als eineinhalb Dutzend prächtige alte Automobile und genauso viele Uralt-Motorräder, die der leidenschaftliche Oldtimer-Sammler in vielen Jahren zusammengetragen hat. Und auch Rolf Stüssels wunderhübscher alter Aui 100, Baujahr 1961, wurde in diese Sammlung aufgenommen, ohne daß Rolf Stüssel das je erfuhr. Jetzt weiß er es.
Es ist ohnehin faszinierend, wie vielseitig Udo Dräger ist, wie viele Probleme er gewöhnlich gleichzeitig bewältigt. Udo Dräger, in jungen Jahren ein leidenschaftlicher Ultraleichtflieger, ein begeisterter Jogger und Hochseesegler, der wiederholt den Atlantik von seinen rauhesten Seiten kennen gelernt hat, war viele Jahre lang Chef im MBB-Unternehmen Speyer, einem der traditionsreichsten deutschen Flugzeugwerke. Wie er diesen Betrieb trotz aller Probleme und gegen vielfältige Widerstände erhalten und dabei über viele Jahre hinweg rund 1000 Arbeitsplätze gerettet hat, wird noch heute in der Pfalz mit großem Respekt von Arbeitern und Politikern erzählt. Und, natürlich, wurde Udo Dräger Mitglied im Förderverein des »Auto-Technik-Museums« in Sinsheim. Was sonst?

Technische Daten

Triebwerke:	A330-200	A330-300	A340-200	A340-300
Triebwerkstyp:	CF6-80E1	CF6-80E1	CFM56-5C	CFM56-5C
oder	PW 4000	PW 4000		
oder	Trent 700	Trent 700		
Startschub	2x300-316 kn	2x285-316 kn	4x139-151 kn	4x139-151 kn
Passagiersitze (Mixed Class)	256,3 cl.	335,2 cl.	263,3 cl.	295,3 cl.
Cockpit-Besatzung	2	2	2	2
Maße und Gewichte:				
Flügelfläche	362 m²	362 m²	362 m²	362 m²
Spannweite	60,3 m	60,3 m	60,3 m	60,3 m
Streckung	9,3 m	9,3 m	9,3 m	9,3 m
Länge	59,0 m	63,7 m	59,4 m	63,7 m
Höhe	17,9 m	16,8 m	16,8 m	16,8 m
Rumpfdurchmesser	5,64 m	5,64 m	5,64 m	5,64 m
Kabinenbreite	5,29 m	5,29 m	5,29 m	5,29 m
Kabinenhöhe	2,33 m	2,33 m	2,33 m	2,33 m
Leergewicht	121 600 kg	122 100 kg	123 700 kg	129 300 kg
Abfluggewicht	230 000 kg	217 000 kg	257 000 kg	271 000 kg
max. Landegewicht	180 000 kg	179 000 kg	182 000 kg	190 000 kg
max Nutzlast	43 400 kg	46 900 kg	46 300 kg	48 700 kg
Kraftstoff-Kapazität	139 500 l	98 300 l	141 000 l	141 000 l
Frachtraum:				
vorne	62,6 m³	80,5 m³	62,6 m³	80,5 m³
hinten inkl. Bulk	82,6 m³	82,6 m³	72,3 m³	82,6 m³
Flugleistungen:				
Reisegeschwindigkeit	870 km/h	870 km/h	870 km/h	870 km/h
Startgeschwindigkeit	284 km/h	241 km/h	252 km/h	252 km/h
Startstrecke	3150 m	2190 m	2900 m	2950 m
Landegeschwindigkeit	256 km/h	256 km/h	252 km/h	256 km/h
Landestrecke	1650 m	1600 m	1750 m	1950 m
Reichweite mit voller Kabine	11 900 km	9000 km	13 800 km	13 350 km
max. Reiseflughöhe	12 500 m	12 500 m	12 500 m	12 500 m

Hoch hinaus –

Luftverkehr heute

Jürgen Armbruster
Im Jet unterwegs
Diese packende Erlebnis-Dokumentation schildert alle Manöver und Tätigkeiten an Bord eines Langstrecken-Jets – von den Vorbereitungen vor dem Abflug über sämtliche Manöver während des Fluges bis hin zur Landung. Dazu blickt der Autor hinter die Kulissen des Flughafen-Betriebs und vermittelt eine Fülle von Details zu Technik und Organisation.
196 Seiten, 50 Abb., geb.
DM/sFr 39,80 / öS 311,–
Bestell-Nr. 01579

Stanley Stewart
400 Tonnen heben ab
Fliegen mit dem Großraumjet: Die organisatorischen und technischen Mittel sowie sämtliche Abläufe an Bord, um einen 400-Tonnen-Jet sicher zu handhaben. Alle Fragen hierzu beantwortet anschaulich dieses Handbuch. Es vermittelt einen hervorragenden und umfassenden Einblick in alle anfallenden Arbeitsabläufe am Boden und in der Luft.
296 Seiten, 137 Abb., geb.
DM/sFr 39,80 / öS 311,–
Bestell-Nr. 01271

Green/Swanborough/Mowinski
Das große Buch der Passagierflugzeuge
Das begeisternde Informations- und Nachschlagewerk über die Verkehrsflugzeuge der Gegenwart - Flugzeugtypen, ihre Technik, Funktion und Einsätze, die Fluggesellschaften, der Flugbetrieb usw. Alle wichtigen Maschinen werden mit ihren technischen Daten präsentiert – umfassend, reich bebildert und im Großformat.
208 S., 275 Farbabb., geb.
DM/sFr 69,– / öS 538,–
Bestell-Nr. 30195

Karl Morgenstern / Dietmar Plath
Airbus A 320 / A 321
Im imposanten Großformat widmet sich dieser Großband der erfolgreichsten Airbus-Familie, den Kurz- und Mittelstreckenjets A 320 und A 321. Von den Autoren werden die gesamte Entwicklungsgeschichte, die Hintergründe und Zukunftsaussichten dieses europäischen Bestsellers in Wort und Bild detailliert aufgerollt.
136 Seiten, 71 Abbildungen, 24 Farb-Abbildungen, gebunden
DM/sFr 59,– / öS 460,–
Bestell-Nr. 01360

Klaus Hünecke
Flugtriebwerke
In diesem sehr übersichtlich gegliederten Buch beschreibt Autor Klaus Hünecke das Turbinentriebwerk in seiner ganzen Typenvielfalt – Entwicklung, Technik und Funktion. Aufbauend auf den vier charakteristischen Typen – Turbinenluftstrahltriebwerke oder Einkreiser, Zweistoßturbinenluftstrahltriebwerke, Propellerturbinenluftstrahltriebwerke sowie Turbomotoren – wird die gesamte Triebwerkstechnologie von Strahlflugzeugen umfassend und anschaulich erläutert.
256 S., 181 Abb., geb.
DM/sFr 49,– / öS 382,–
Bestell-Nr. 10407

Peter Bachmann
Internationale Flughäfen Europas
Das Buch stellt in einer geschlossenen Übersicht erstmals alle Verkehrsflughäfen Europas in Bildern, Karten und Daten vor und bietet so die Möglichkeit, sich über die internationalen Knotenpunkte des Luftverkehrs im Detail zu informieren. Ein einführendes Kapitel dokumentiert am Beispiel Frankfurt Rhein/Main alle Einrichtungen und Abläufe eines Großflughafens.
256 Seiten, 162 Abbildungen, 32 Farb-Abbildungen, 63 Lagepläne, 18 Ausflug-Karten, geb.
DM/sFr 59,– / öS 460,–
Bestell-Nr. 01649

Michael Riedner
Faszination Fliegen – 100 Jahre Luftfahrt
Otto Lilienthals Luftsprünge jährten sich 1991 zum hundertsten mal. Die ersten Luftkutscher und tollkühne Flugpioniere, Computertechnologie und Großfluganlagen passieren in diesem begeisternden Luftfahrt-Jubiläums-Prachtband Revue – die ganze Palette der Fliegerei von den Anfängen bis heute und morgen wird in diesem brillanten Bildband umfassend dokumentiert – ein packendes Erlebnis!
502 Seiten, 550 Abb., geb., im Schmuckschuber
DM/sFr 198,– / öS 1545,–
Bestell-Nr. 01398

Motor buch Verlag

DER VERLAG FÜR LUFTFAHRT-BÜCHER

Postfach 10 37 43 · 70032 Stuttgart
Telefon (0711) 2108065
Telefax (0711) 2108070

Stand November 1995 – Änderungen in Preis und Lieferfähigkeit vorbehalten